飼い主さんに伝えたい130のこと

ネコがおしえるネコの本音

トーキョーキャットスペシャリスト院長
山本宗伸 監修

朝日新聞出版

はじめに

ネコのみなさん、はじめまして。
この本を手にとったということは、
ふだんの暮らしや
はたまた「ネコ」という生きものについて
疑問をおもちのようですね。
飼い主に聞いても答えてくれない?
ネコのことはネコに聞くのが一番。
わたしにお任せください。

正しい言葉の使い方から
遊びに誘う方法、
無意識にしている行動の秘密、
ためになる(?)雑学まで、
みなさんのいろいろな疑問を
ひとつひとつ、ていねいに解説します。
飼い主に見つからないよう
こっそり読んで、
充実したネコライフを送る
ヒントにしてくださいね。

ネコ先生
山本宗伸

ネコ太・♂

生後3か月。なにも知らない無邪気な子ども。

ネコ先生・♂

ネコのことならなんでも知っているネコ学者。

ネコ吉・♂

4歳。四六時中ごはんのことで頭がいっぱい。

ネコじぃ・♂

15歳のご長寿。落ち着いた余生を送っている。

ネコ美・♀

2歳。ちょっぴり高飛車な、お母さんネコ。

ネコ介・♂

4歳。マイペースな性格だけど、意外とやさしい。

のら・♂

6歳。のらネコとして自由気ままに生きている。

CONTENTS

1章 にゃん語

2章 ネコミュニケーション～対人間～

3章
ネコミュニケーション ～対ネコ～

4章
ナゾの行動

本書の使い方

本書は、読者にやさしい一問一答スタイル。
みなさんの疑問に対して、わたし(ネコ先生)がお答えします。

飼い主さんへ

ネコのみなさんは気にしなくてけっこうです(飼い主さん、ここをこっそり読んでくださいね！)。

ネコの疑問

性格や習性など、日常でふと感じたさまざまな疑問を、ひとつずつとり上げます。

#(ハッシュタグ)

キーワードを記載しています。INDEX (188ページ〜) での検索に役立ててください。

ネコ先生の回答

みなさんの疑問に対して、ていねいに回答します。

さらに詳しく説明！

Column

みなさんの疑問に関連する内容を、さらに深く掘り下げます。勉強熱心な方はぜひご一読を。

振り返りテストもあります

ネコ学テスト

前編では1〜3章、後編では4〜6章を振り返ります。満点目指してがんばりましょう！

1章

にゃん語

気持ちをきちんと伝えるために、
正しい「にゃん語」の使い方を学びましょう。

お願いするとき、なんて言えばいい？

#にゃん語　#ニャオ

「ニャオ」と鳴いて要求しましょう

わたしたちが、ふだんもっとも発する言葉は「ニャオ」ですよね。これは、「ごはんくれ」や「もっと遊んでよ」と、人になにかを要求するときの言葉として使うとよいでしょう。「ニャオ」に加え、しっぽを立てて近づけば、飼い主の心をさらにつかめるはずですよ。もしかすると人はあなたのお願いを理解できずに「かわいいね❤」と言うだけかもしれません。そんなときは、フード皿のそばで鳴いたり、おもちゃを持ってきたり、ヒントを与えてあげるのがおすすめです。

飼い主さんへ

「ニャオ」はもともと、子ネコが母ネコに訴えかけるときの鳴き声。この鳴き方をしたのなら、あなたを母と思っている証拠です。さらにしっぽを立てていれば、甘えモード全開。というのも、しっぽを立てるのは、母ネコに甘えるときの行動だからです。

Column

「ニャオ」の使い方

「ニャオ」は、非常に便利な言葉です。そこの子ネコさんたち、まずは「ニャオ」をじょうずに使えるようにしましょうね。フード皿の前にたたずみ「ニャオ」、これで飼い主はごはんを要求されていることがわかるはずです。ドアの前で鳴けば「ここのドアを開けて」、水道の蛇口の前で鳴けば「水を出して」といった具合です。ただし、要求をしすぎるのは禁物。いつでもどこでも鳴いていると、飼い主になにを要求しているのか伝わりません。ここぞというときにくり出すのがおすすめです。

ぼくって、ぽっちゃり系イケネコでしょ？ だからいっぱい鳴いておやつをもらっていたんだ。でも、いつからか飼い主がおやつをくれなくなって……。だからぼく、言ってやったよ。かわいい声で「ニャオ〜ン」って。そうしたら飼い主は「かわいい声〜」って言ってた。おやつも無事にゲット！ 同じ鳴き声でも、抑揚をつけたり、音程を変えたりするといいよ。ところで、おやつって本当においしいよね。

獲物を見ると、いつもと違う声が出る

#にゃん語　#チッ　#ンギャッ

「チッ」という音は狩りの興奮の表れです

小さな虫などの獲物を見つけたときや、飼い主との遊びが盛りあがって「そこだ!」とおもちゃに飛びかかろうと思った瞬間、「チッ」と音が出ることがありますよね。人間の舌打ちのようにも聞こえる、そう、あの音です! みなさん、自分では意識しないで出していると思いますが、実はあの音、声ではなく鼻からもれ出ている音だと気づいていましたか? 興奮度がMAXになったとき、思わず出てしまうのです。「さあ、獲物を捕まえるぞ!」という気合の表れですね。

飼い主さんへ　獲物をねらっているとき、わたしたちは「ンギャッ」と鳴くこともあります。これは「チッ」よりもさらに興奮している状態。探していた獲物やおもちゃをやっと発見して、その喜びから「やった! 見つけた!」と、つい口から出てしまうのです。

この怒りを表現したい！

#にゃん語　#シャーッ

相手をにらみつけ「シャーッ」と鳴きましょう

わたしたちは、非常になわばり意識が強いですよね。自分のテリトリーによそものが入ってきたら、怒りを覚えるのも当然。そんなときは、渾身の「シャーッ」をお見舞いしてやりましょう。「こっちに来るんじゃない！」と威かくするのです。キバを出して全身の毛を逆立てながらうなると、さらに効果的ですよ！

ちなみにこの威かくは、生後間もないそこの子ネコさんでも、練習せずともできるもの。本能として備わっているので、ぜひ試してみてください。

飼い主さんへ

わたしたちが「シャーッ」となっているときは、人は手出ししてはいけません。興奮しているので、大好きな飼い主に対しても、思わずネコパンチが出てしまうことがあります。しばらくすれば落ち着くので、そっとしておいてください。

ケンカ相手を威かくするには？

#にゃん語　#ミャーオ　#ウー

「ミャーオ」または「ウー」とすごみをきかせてうなりましょう

「シャーッ」と威かくしても相手が一歩も引かなかった場合、さらに気合を入れて、のどの奥からしぼり出すような声でうなり、相手をけん制しましょう。こうすることで、「こっちは本気で怒っているんだ！　どこか行かないと攻撃するぞ」と伝えるのです。わたしたちネコは、めったにケンカはしません。なんの得にもなりませんから。うなり合いでおたがいの力量を知り、かなわない相手だとわかれば逃げるものです。あなたも、相手が自分より強いと感じたら逃げるが吉ですよ。

飼い主さんへ　われわれのケンカがはじまるのは、おたがいの力量が同程度で、うなり合いでは決着がつかなかったとき。「ミャーオ」や「ウー」といった鳴き声だけにとどまらず、自慢のネコパンチで応酬します。人が不用意に手を出すと、ケガをしますよ！

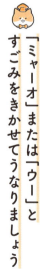

Column

同じ敵とは戦わないこと!

われわれの世界では、ケンカは最後の手段だと前述しましたが、ここではケンカの決着の仕方を説明しましょう。これを知っておかないと、負わなくていいケガを負うことになります。ケンカの最中、「この相手にはかなわない!」と思ったら、うずくまってなるべく体を小さく見せましょう。そうすれば、(よっぽどしつこい相手でなければ)もう攻撃してきません。そして、一度負けた相手には、もうケンカは挑まないこと。仮に不穏な空気になったとしたら、すぐに逃げてください。前回負けた相手とは戦わないのが、ネコ界のルールです。

室内で暮らすお嬢ちゃん方は知らないだろうが、おれたち「のら」は、なわばりをもってはいるが、明確な境界線はないんだ。日本はせまいからな。だから、ほかのネコとおれのなわばりは、重なるところがあるんだ。重なったなわばりでおれたちが出くわした場合は、おたがいに無視が鉄則だ。むやみにケンカしても腹が減るだけだからな。

こわいときはどうすれば……!?

#にゃん語　#ギャーッ！

思いっきり「ギャーッ」と叫びましょう

ケンカ中に、相手に引っかかれたりかみつかれたりして恐怖や苦痛を感じたときに出す声が、「ギャーッ」です。人間に大事なしっぽを踏まれたときにも出てしまいます。声の限り叫ぶことで、相手に「痛い！　やめて！　どこかに行って」と伝えているのです。まだ幼い子ネコさんたちはよく覚えておきましょう。きょうだいとケンカごっこをしたときに、相手がこのように叫んだら、かむ力が強い証拠。遊びの範疇《はんちゅう》を超えているので、やさしくかむことを覚えてくださいね。

飼い主さんへ

メスネコがオスネコとの交尾中に、「ギャーッ」と叫ぶことがあります。これは、われわれの生殖器が原因。オスのペニスにはとげがあるため、メスからペニスを抜くとき、痛みが生じるのです。こんな場面を見かけたら、メスをいたわってあげてください。

食事中、つい声がもれちゃう

#にゃん語　#ウニャウニャ

「おいしい」って気持ちがあふれ出ています

みなさん、ちゃんと飼い主からおいしいごはん、もらっていますか？　大好物を食べていたり、空腹のときにごはんをがっついたりしていると、つい「ウニャウニャ」と声が出てしまいますよね。とくに、子ネコさんによく見られる現象です。子ネコ時代、わたしたちは母乳を飲みながら「おなかいっぱいだよ」「おいしいよ」という気持ちを、このように鳴いて母ネコに伝えていました。その名残からか、立派なおとなネコとして成長した今でも、思わず声が出てしまいます。

飼い主さんへ　食事をしているときに、威かくの声をあげながら食べるネコもいます。元のらネコや、複数匹で暮らすネコたちに多い現象ですね。「この食べものはおれのものだ！」と、主張しながら食べて、ほかのネコを寄せつけないようにしているのです。

気分がいいと、のどが鳴る♥

#にゃん語　#ゴロゴロ

ゴロゴロは心から満足している証拠です

わたしたちは子ネコ時代に、母ネコの母乳を飲みながら、「ぼく、元気だよ」「おなかいっぱいだよ」と伝えるサインとして、ゴロゴロ音を出していたはずです。みなさん、覚えては……いないでしょうね。母ネコは、幼くかわいいわたしたちのゴロゴロを聞いて、「うちの子、元気に育っているわ」と認識していたのです。つまり、ゴロゴロ音は、相手に満足を伝えるサイン。子ネコ時代の名残で、おとなになった今でも、満足や気持ちがいいときにゴロゴロを出してしまうんですね。

飼い主さんへ　みなさんは、あの「ゴロゴロ」、どこから鳴っているか知っていますか？　声……でないのはわかりますよね。実はあのゴロゴロは、空気がのどを通るときに振動する音なんです。だから、ネコは鳴きながらでも、食べながらでもゴロゴロを出せるんですよ！

Column

ゴロゴロを出すタイミング

人間界のある研究結果を報告いたします。それによると、わたしたちが人間に対して「ごはんちょうだい」「もっとかまって」と要求したいときに、鳴き声と同時にゴロゴロ音を出せば、人は要求を聞いてくれる確率が高まるそうです。では、さっそく練習してみましょう！「ニャオ（ゴロゴロゴロゴロ……）」。じょうずにできましたか？ ぜひこの研究結果を活用して、飼い主を思い通りに動かしてくださいね。

人間のみなさんの中には、「うちの子、ゴロゴロ言わないわ」と思う方もいるでしょう。しかし、どんなネコでもゴロゴロを出すことはあります。聞こえないのは、単にその子のゴロゴロ音が小さいだけ。試しに、ネコが気持ちよさそうなとき、のどにふれてみてください。指にゴロゴロの振動が伝わってくるはずですよ。

落ち着かなくちゃ……

#にゃん語　#ゴロゴロ

気分がすぐれないなら のどを鳴らしてみては？

ゴロゴロは「満足を伝えるためのサイン」と前述しました。しかし、ほかにもゴロゴロには不思議な効果があります。たとえば、あなたが大きらいな爪切りをされそうなとき、行きたくないのに病院へ連れて行かれたとき。そんな不安を感じたときにゴロゴロを出してください。きっと気分が落ち着いてくるはずです。

野生時代からひとりで生きてきたわれわれは、だれにも頼らずに自ら気持ちをコントロールする術を身につけたのでしょう。すばらしいことです。

飼い主さんへ

わたしたちは、満足を感じているときのほかに、体調が悪いときにもゴロゴロを出します。人は、「ゴロゴロ＝満足」と考えがちなので気をつけてくださいね。体調が悪いのに、「満足しているの？」と勘違いされては、たまったものじゃありません。

愛を伝えたい

#にゃん語 #目を合わせて閉じる

目を合わせてから ゆっくりと目を閉じましょう

あなたのあふれる愛を伝える手段は、なにも声だけではありません。相手の目をしっかり見つめ、ゆっくりと目を閉じてみましょう。相手も同じように目を閉じたら、おたがいに親愛を感じている証拠です。

みなさんご存じのように、ネコ界では、親しい相手としか目を合わせてはいけないというのが暗黙のルール。見知らぬ相手と目を合わせるのはケンカを売っているのと同じ。その時点で力関係を決める勝負がはじまり、無用なケンカに発展する危険があるからです。

飼い主さんへ わたしたちの愛を確かめる大ヒントをお教えしましょう。わたしたちに見つめられているときに、瞳孔をよく観察してください。わたしたちの瞳孔は、親愛を込めて相手を見つめている場合、少しだけ大きくなったり小さくなったりをくり返すのです。

人間の言葉を……話せた⁉

#にゃん語　#人間語？

音のまねをじょうずにできましたね

ネコは人の言葉を話せません。では、なぜ人は「ネコがしゃべった！」と勘違いするのでしょう。それは偶然です。わたしたちが食べるものを、人間は「ごはん」とよびます。たまたまあなたが「ごはん」という響きで鳴いたとき、ごはんが出てきたので、あなたはそれを覚え、おなかがすくと「ごはん」と鳴くようになった……。すると、飼い主は「うちの子がしゃべった！」と大喜び。人は単純な生きものです。こちらとしては都合がよいので、勘違いさせておきましょう。

飼い主さんへ

わたしたちは、人と暮らすようになってから、声でのコミュニケーションをとるようになりました。鳴いたほうが、人に要求を伝えやすいからですね。しかし、いくら人間の言葉っぽく鳴いたからといって、意味を理解してしゃべっているわけではないですよ。

寝ているときにしゃべっているかも

#にゃん語　#寝言

レム睡眠中に寝言を言っています

みなさんの中には、お昼寝大好きさんがたくさんいるでしょうね。ネコの語源は「寝子」という説があるほど、ネコはよく寝る動物です。しかし、熟睡している時間は短いのですよ。1日14時間寝るネコなら、12時間は「レム睡眠」とよばれる浅い眠りの時間です。

さて、近くで寝ているネコを観察してみましょう。レム睡眠中は、寝ていてもまぶたやヒゲがピクピク動くのが特徴です。「ウニャ」と寝言を言ったり、うなったりするのも、レム睡眠中に起こることです。

飼い主さんへ

わたしたちも人間同様、夢を見ます。あるときは、山盛りのごはんを前にして感嘆の声を上げていたり、またあるときは、獲物を仕留めるために草原を疾走していたり、そんな興奮する夢を見ているときに、つい寝言を言っているのでしょう（お恥ずかしい）。

彼女がほしいです

#にゃん語　#ナ〜オ

メスが「ナ〜オ」と言ったら口説くチャンス！

わたしたちには、年に数回発情期があります。発情期というのは、いわゆる恋の季節です。気になるメスネコがいるのなら、発情期中に誘ってみては？　メスが「ナ〜オ」と大きな声で鳴いているときがチャンスです。あなたもメスの鳴き声をまねて「ナ〜オ」と大声で鳴き返して近づきましょう。

発情期中は、性ホルモンの影響からふだんとは違った野太い声になりますが、発情期を過ぎるといつもの声に戻るのでご心配なく。

飼い主さんへ　わたしたちは、聞こえてきた鳴き声がオスの声なのかメスの声なのか、判別できます。異性のアピールにすぐに気づけるんです。人間にはできない芸当ですよね。鳴き声に惹かれてオスが多数集まると、ケンカが勃発！　ここらへんは、少し人と似ていますか？

やれやれ、緊張したな

#にゃん語　#ため息

フ〜ッとため息をついて落ち着きましょう

みなさん知っていましたか？　人間のため息は、口から空気を吐いているということを。そして人間は、悩み事があったり落ち込んでいたりするときも、ため息をつくのだそうです。ネコとはだいぶ違いますね。

ネコのため息は、鼻から空気を出している音のことです。そして、悩み事でため息は出ません。わたしたちがため息をつくときは、緊張状態から解かれたとき。そう、たとえば見慣れないものを見たあととか、飼い主が不穏な行動をしたあととかですね。

飼い主さんへ　わたしたちが飼い主に向かってため息をついていたら、己の行いをよく振り返ってみることをおすすめします。わたしたちのため息は、緊張状態からの解放が理由。つまり、あなたがネコに、なにかよからぬ緊張を与えていたということですよ！

しつこいよ～やめてよ～

＃にゃん語　＃無言で立ち去る

いやな思いをしたら その場からサッと去りましょう

人間は、ネコと比べて察しが悪い動物です。いくらあなたが鳴いて「やめて！」と伝えても、ちっとも気づかない飼い主をおもちの方は少なくないはず！　鳴いてダメなら、ボディランゲージで伝えてみましょう。①しっぽをブンブン振る　②耳をたたむ――これらはわたしたちのイライラを表現する代表的なサイン。ここまでやっても、飼い主が察してくれないなら仕方ありません。察しが悪い飼い主をもった不運を恨みながら、その場からサッと立ち去ることをおすすめします。

飼い主さんへ　なでられてのどを鳴らしながら喜んでいたのに、ネコが突然かんできた！　という経験をおもちの人へ。この現象は、「愛撫誘発性攻撃行動」（通称・なですぎネコ反撃行動）とよばれます。要は、あなたのなで方がしつこくて、下手っていうことですよ！

Column

「いや」の伝え方

前述しましたが、ここでは詳しくお話しします。飼い主からなでられていて、「うっとうしい」「しつこい」「やめてくれ」と感じたときは、以下のように伝えましょう。

1
しっぽをブンブン振る

イヌの場合は、しっぽを振るのは喜びのサインだそう。しかしネコの場合は、しっぽを振るのはイライラのサイン。人でいう貧乏ゆすりのようなものです。

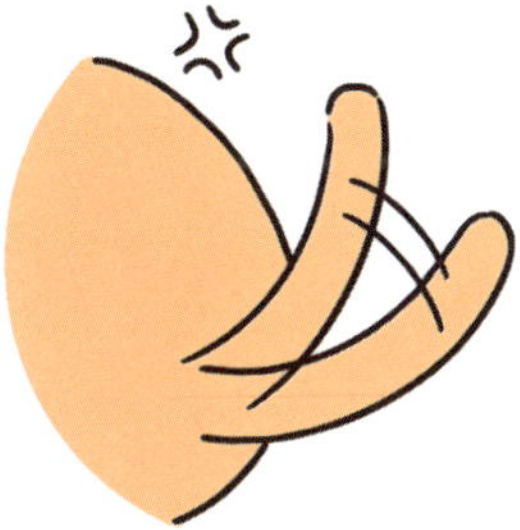

2
あごを押しつける力を弱くする

なでられていると、気持ちよくてつい人の手にあごを押しつけてしまいますが、「もう勘弁」というときは、あごを押しつけるのをやめましょう。

3
耳をたたむ

これも、代表的なネコのイライラ、不機嫌のサインです。

あいさつの基本は？

#にゃん語　#ニャッ

軽い調子で「ニャッ」と鳴きます

「ニャッ」と軽い調子で鳴くのは、親しい相手へのあいさつです。従来のネコのあいさつは、鼻をくっつけ合い、においをかぐこと（82ページ）。そのため、のらで長い間生きていたネコには、鳴いてあいさつをするのは、なじみがないかもしれませんね。わたしたちは、人と暮らすようになって、声であいさつをするようになりました。そのほうがなにかと便利だったんです。そうしているうち、同居するネコどうしでも声のあいさつをするようになったのです。

飼い主さんへ　飼い主の話に、返事をする賢いネコがいますよね。「〜でね？」「ニャッ」「それで〜でね？」「ニャッ」といった具合に……。すみませんが、わたしたちには話の内容はわかっていません。語尾の調子が心地よくて、ついあいづちのように声が出てしまうのです。

ねぇねぇ、なにやってんの？

#にゃん語　#ニャ～

とりあえず話しかけてみましょう

人間はときに、だれもいないのにペラペラとしゃべっていることがあります。わたしに話しているのかと一瞬思いますが、どうやら手に持った電話という機械にしゃべっているようです。わたしたちをほうっておいて、電話と話しているなんて、失礼しちゃいますね。そんな場面に出くわしたら、「ニャ～ニャ～ニャ～」としつこく鳴いて、あなたの存在をアピールしましょう。「わたしにかまえ、無視するな！」と伝えることは、わたしたちに与えられた当然の権利なのですから！

飼い主さんへ わたしたちは、とりあえず声を出すということをよく行います。たとえば、飼い主たちがケンカをしたとき、突然大きな音（くしゃみというらしい）を発したときなど。ふだんとは違う声色や大声に不安や警戒心をもつと、つい声をあげてしまうのです。

わたし全然鳴かないけど、変かな？

#にゃん語　#鳴かない

鳴かないのもきみの個性ですよ

そもそも、鳴き声でコミュニケーションをとるのは、子ネコ時代に多いこと。子ネコは、母ネコに向かって「おなかがすいた」「近くに来て」という要求を鳴いて訴えるからです。つまり、おとなになってもよく鳴くネコは、子ネコ気分が強く残っているといえます。

一方、あなたがあまり鳴かないというのなら、それはおとなとして精神的に自立している証拠でしょう。なにもおかしいことはありませんので、個性のひとつととらえて、自信をもってください！

飼い主さんへ　あなたと暮らすネコが、品種の傾向や性格から、あまり鳴かないとしても心配いりません。鳴かないネコとでも、意思疎通はしっかりできます。表情やボディランゲージ、しぐさで気持ちを表現しているはずなので、そのサインを見逃さないでくださいね。

Column

あまり鳴かないネコ種

よく鳴くか、あまり鳴かないかは、その子の性格によるところが大きいようです。しかし、ネコの品種によっても傾向が！　ここでは、あまり鳴かないといわれるネコたちを紹介しましょう。

ペルシャ

おだやかな性格の子が多いネコ種なので、鳴き声もほっそりと控えめな傾向があります。

ヒマラヤン

ペルシャ系のこの子たちも、おっとりめの性格が多く、声も控えめです。

ロシアンブルー

「ボイスレス・キャット」という異名も。もともと声が小さいネコで、おとなになるにつれ、鳴かなくなります。

エキゾチックショートヘア

このネコ種は、いわゆるペルシャの毛が短い子たち。性格もペルシャ同様おっとりしていて、鳴き声も小さめ。

よく鳴いて、鳴き声が大きいネコ種も少し紹介しておきましょう。シャムは、スレンダーな体格に似合わず、大きく高い声でよく鳴きます。気品のある鳴き声ですね。ベンガルは、高低さまざまな声で、よくおしゃべりをするネコ種。人に対して話しかけることが多いようです（知り合いのベンガルが言っていました）。

呼んでいるのに、人が気づかないの

#にゃん語　#超音波

人に聞きとれない高音で鳴いているのかもしれません

人に向かって鳴いているのに、気づかれないときってありますよね？「無視されている？」と思ってはいけません。かわいいあなたを無視する人はいません！　きっと、声が聞こえていないのでしょう。わたしたちは、人に聞こえないほどの高音、いわゆる「超音波」で鳴くことができるのです。もともと、この声で鳴くのは母ネコに対して。つまり、超音波声で鳴くのは相手を母と思っているからこそ。せっかく甘えているのに気づかないなんて、人間って残念ですよね。

飼い主さんへ

赤ちゃんネコは、危険が迫ったときに母ネコに向かって超音波で鳴きます。「口を大きく開けているのに、鳴き声が聞こえない」という場面に出くわしたことはありますか？　あなたを母だと思って呼びかけているので、そばに寄ってあげましょう。

外の獲物を捕まえたい！

#にゃん語　#カカカカカ　#ミャミャミャミャミャ

「カカカカカ」は本能が目覚めた合図です

窓の外を眺めていて、鳥や虫などを見つけたとき、つい「カカカカカ」や「ミャミャミャミャミャ」などと声が出てしまうことがあります。あの声は、「あそこを飛んでいる獲物、捕まえたいのに届かない〜」と葛藤する気持ちを表す声。あごを細かく動かしながら出しているので、なんだか変な声になってしまうんですよね〜。また、届かない獲物を眺めているときは、頭の中で獲物にかみつく想像をして、声に合わせて歯をカチカチ鳴らすネコもいるとか!?

飼い主さんへ　わたしたちの葛藤は、なにも窓の外の獲物に限ったことではありません。おもちゃで遊びたい気分だったのに、飼い主に片づけられた……といった場合でも声が出てしまいます。「カカカカカ」が聞こえたら、いっしょにおもちゃで遊んでくださいね。

ひとやすみ

おいしい！

ソファーで爪を
といでただけなのに
チーン
なぜか怒られて
しまったニャ…
えーいっ
ガツ
ガツ
こうなったら
ヤケ食いニャー!!!!
もぐ
ウニャ
うまい…
うまいニャ〜!!
もぐ
ウニャ
かわいい〜♡
あれ？
どうしたのニャ？

合図

…ひまだわ
テク
こんなときは
飼い主に…
テク
ニャオ
あそーんで
人間ってホント
単純ね♡

2章

ネコミュニケーション
〜対人間〜

飼いネコさん必見！
飼い主をうまくあやつる方法、知りたいですよね？

ちょっと〜、おなか出してるんだけど！

#対人間　#おなか丸出し

はいはい、遊んでほしいんですね

飼い主がなかなかかまってくれないときには、目の前で盛大にゴロ〜ンとおなかを見せましょう。このとき、前足を「おいでおいで」のように少し動かすのがポイント。そして、飼い主がなでてきたら、軽く甘がみをします。みんな、子ネコのときにこうして仲間のネコを誘ったことがあるはず。その感覚を思い出しましょう。ただし、同居ネコがいる場合は、同居ネコを誘うほうが賢いかもしれません。飼い主の遊びって単調で退屈じゃないですか？

飼い主さんへ　同居ネコがいる場合、どちらかのネコがこのポーズをとったあとは、じゃれあいや追いかけっこがはじまります。飼い主も、われわれネコが体をたくさん動かして満足できるように、日々遊びの研究に励んでくださいね！

べ、べつに、うれしくなんてないしっ

＃対人間　＃しっぽをプルプル

しっぽをプルプル震わせるのはいいものを見つけた証拠！

みなさんは、いいものを見つけたときにしっぽの先が震えた経験はありませんか？　きっと耳はピンと立ち、目線の先には興味のあるものや獲物がいたはずです。「見つけたぞー!!」という喜びと興奮で感情を抑えきれず、しっぽが震えてしまうのです。人間も感動すると体を震わせるようですが、それと同じこと。また、獲物に飛びかかる前に緊張からしっぽが震えることがあり、武者震いとよばれることも。しっぽは、感情がダイレクトに表れる繊細な場所なんですよ。

飼い主さんへ　名前を呼ばれたときにしっぽを震わせることも。そんなとき、ネコは親ネコモード（49ページ）に入っています。子ネコがじゃれついてくるときに、適当にあしらっているのと同じで、「はいはーい」としっぽだけで返事をして軽くあしらっているのです。

ここは安全だ……♥

#対人間　#香箱座り

これこそが「香箱座り」です

かの有名な「香箱《こうばこ》座り」とは、両足を体の下にたたんでいる体勢のことです。足をたたんでいるので、体勢を立て直すのに時間がかかります。すぐに身動きがとれないこの体勢は、警戒心の強いわたしたちにとってはなかなかとれないもの。危険がない室内など、心から安心できる場所なら試してみてもよいでしょう。「香箱座り」に感動して、写真を撮る飼い主もいるほどなので、動かずジッと写真に耐えていれば、もしかするとごほうびがもらえるかもしれません！

飼い主さんへ　この体勢は、身動きはとりづらいですが、頭が高い位置にあるので周囲の状況は感じとりやすい状態！　警戒心とリラックスが半々なので、あまりちょっかいを出さないほうがよいでしょう。写真を撮るときは、気づかれないようにそっと撮るのがおすすめ。

驚きでしっぽがビッグに!!

#対人間　#しっぽがふくらむ

しっぽはふくらみ、心は縮まる……

わたしたちは、得体《えたい》の知れないものに遭遇したとき、驚きと恐怖から全身の毛がブワッと逆立ちます。とくにしっぽは、ふだんの何倍もの太さまでふくらむことも。これは、緊張で無意識に筋肉が収縮して起こる反応。人間でいうと「鳥肌」というものですね。また、「近づくな!」と相手を威かくするときにもしっぽをふくらませます。ほとんどの場合、心の中は恐怖でいっぱいですが、それを相手に悟られないように全身を大きく見せてカバーしているのです。

飼い主さんへ　新しいおもちゃや見知らぬ人を見たとき、わたしたちネコはしっぽを大きくして威かくします。心は恐怖でいっぱいなので、無理に慣れさせせようとしないでください。安全だとわかれば、自分から興味をもって近づきます。無理強いされるのはきらいなんです。

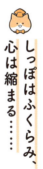

イライラする……

#対人間　#しっぽをパタパタ

しっぽをパタパタ左右に揺らしましょう！

しっぽを速めのテンポで振っているときは、イライラモード！　なかには、怒りが収まらず床にしっぽをたたきつける仲間もいます。しっぽを揺らして怒りを表現するのは、わたしたちネコにとっては普通のことです。一方、イヌは機嫌のよいときにしっぽを振るので、わたしたちとは正反対。わたしたちをイヌと同じように考え、しっぽを振っていると「うれしいの？」と執拗《しつよう》にかまってくる飼い主もいるようです。しっぽの読めない飼い主は、無視をするのが一番です。

飼い主さんへ　わたしたちのしっぽは、感情の動きに対応して振り幅の大きさや速さ、振り方が変わります。たとえば、ゆっくり左右に動かしているときは、目先に獲物や興味がある対象がいて、仕留めるか悩んでいるということもあるんですよ。

こわい！　どうしよう!!

＃対人間　＃しっぽを隠す

しっぽを股にはさんで隠しましょう

人間の言葉に「しっぽを巻いて逃げる」という表現がありますが、これは動物が恐怖を感じたときに体を縮こませてしっぽを丸める習性からきています。わたしたちネコも、太刀打ちできないような相手に出会ったら、しっぽを股の間にはさんでおとなしくしているのがベター。体を小さくして自分を弱く見せることで、相手に降参の意思を示すのです。降参すれば、相手が攻撃してくることはありません。勝ち目のない相手との戦いはせずに、負けは素直に認めましょう。

飼い主さんへ　わたしたちネコがしっぽを股にはさんで隠しているときは、なにかにこわがっている可能性が。とくに、子ネコは些細なことでも恐怖を感じてしまうもの。こわがっているようなら、少しようすを見て、なににこわがっているのか考えてあげてください。

気分が下がると耳まで下がっちゃう

#対人間　#耳が傾く

気分によって耳の傾きが変わります

みなさんは無意識かもしれませんが、われわれネコは、気分によって耳の傾きが変わります。興味があるものを見たときはまっすぐピンと立ち、ふだんはそれよりもやや外側を向いた状態になっているはずです。また、怒っているときや警戒心が強いとき、気分が悪いときには耳を横や後ろにそらせたり、伏せたりするのが一般的。もし、見知らぬ仲間に出会ったとき、相手が耳を伏せていたら、恐怖を感じ、警戒している可能性が高いです。空気を読んで、そっと離れましょう。

飼い主さんへ　耳が横を向いているときは要注意。相手を攻撃したい気分の可能性大です。瞳孔をチェックしてみて、大きく開いていたら完全アウト！　悪いことは言わないので、飼い主のみなさんもなるべく近づかないほうがいいですよ。

Column

4つの気分モード

飼いネコの場合、大きく分けて4つの気分モードがあります。ふとした拍子にスイッチが切り替わるので、「同じネコなのにどうして!?」と戸惑う飼い主が多いようです。わたしたちにとってはふつうのことなんですよ。

のらネコモード

本能が目覚め、おもちゃを追いかけたり、部屋を走りまわったりします。

子ネコモード

飼い主を母ネコだと思って、甘えたりおねだりしたりします。

飼いネコモード

ゴロ〜ンとおなかを見せて寝転び、無防備な姿をさらけ出します。

親ネコモード

飼い主を子ネコだと思い、心を込めて獲物をプレゼント♥

わあ！ びっくりした！

＃対人間　＃瞳孔が開く

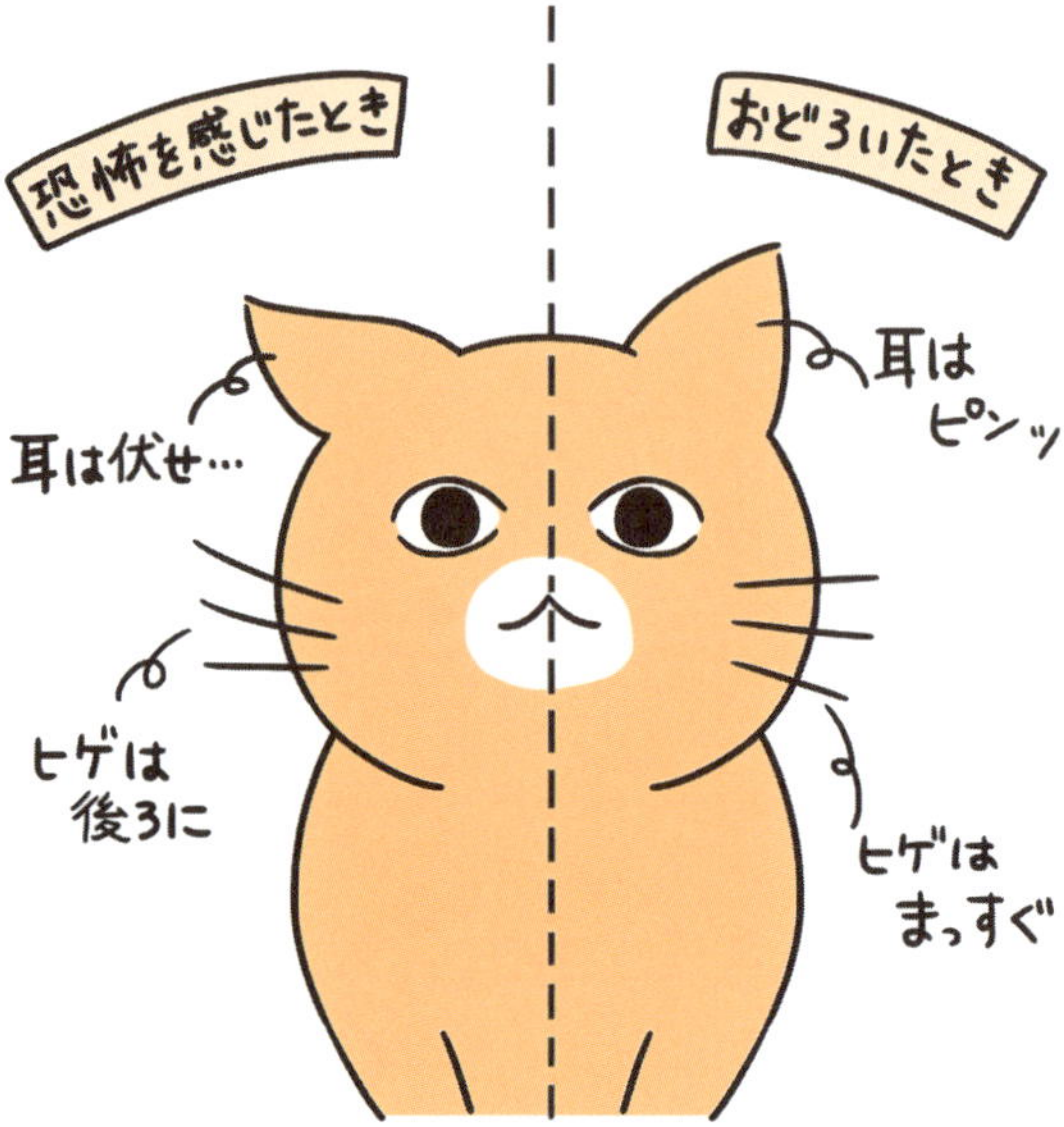

びっくりすると瞳が真ん丸になります

わたしたちは、驚いたときやなにかに興味をもっているときに、瞳孔が丸くなります。さらに耳を真上に立ててヒゲをピンと張り、五感をフル活用！　恐怖を感じているときも丸くなるって？　そうなんです。そのときは、耳を伏せてヒゲは後ろに引いた状態にしましょう。そうすれば、相手に気持ちが伝わりますよ。

ちなみに飼い主を見ていればわかると思いますが、人間もわたしたちと同じで、驚いたり興味のあるものを見たりしたときには目を見開いていますよ。

飼い主さんへ　耳の向きや瞳孔の大きさ、ヒゲの動きがわたしたちの気持ちを読みとるポイント。瞳孔が丸くても耳を伏せていたら恐怖や怒りを表しているので、遊びに誘ったりかまったりするのはNG。目、耳、ヒゲを総合的に見て気持ちを読みとることが大切です。

あら、わたしの目、なんだかこわいわ

#対人間　#瞳孔が開く

攻撃モードに入っています

なにかいやなものを見つけたら、目を大きく見開き、瞳孔も開いて警戒しましょう。まずは、相手をじっくりと観察して、危険な相手かどうか見極めるのが大切です。あまり考えすぎると、逃げるのも攻撃するのもタイミングを逃してしまうので注意してください。相手に先制攻撃される可能性もあるので、耳を傷つけられないように必ず耳は横に向けて伏せておくことも忘れずに。逃げる場合も、キバをむいて威かくして、相手を驚かせてからササッと逃げましょう。

飼い主さんへ　わたしたちの瞳孔の大きさは、明るさだけでなく気分によって変化します。攻撃の準備に入ると瞳孔を大きく開いて、相手の出方をじっくり観察します。いざ攻撃する瞬間にはアドレナリンが大放出！　さらにこわい顔になりますよ～。

飼い主に遊んでほしい！

#対人間　#遊んでほしい

ジッと見つめて のどを鳴らしましょう

遊びたい気分なのに、飼い主がかまってくれないときもありますよね。そんなときは、飼い主の顔を見つめて最上級にかわいい表情をしましょう。さらに大きめの音で「ゴロゴロ」とのどを鳴らせば、飼い主に甘えん坊モードが伝わります。それでも気づいてもらえない場合には、「ニャオ」の鳴き声をプラスして飼い主の注目を引きつけるのが効果的。遊びたいおもちゃが決まっている場合には、それを引っ張り出してきて飼い主に直接アピールするのもおすすめです。

飼い主さんへ

甘えん坊な子ネコモード（49ページ）になっているとわかりつつ、忙しいからと無視していると、わたしたちはそのうち飛びかかりますよ！　子ネコモードだとわかったら、まずは少しだけ相手をしてください。そのうちネコのほうが飽きますから。

愛を込めて、獲物をプレゼント♥

#対人間 #獲物をプレゼント

生きものより おもちゃのほうが喜ばれます

死んだ虫やネズミなどを飼い主にプレゼントして、怒られた経験がある子もいるはず。獲物のとり方や食べ方を飼い主に教えてあげようという親切心からなのですが、どうやら人間はわたしたちの獲物が苦手で食べないようです。そのかわり、おもちゃを持っていくと喜んでくれたという仲間がいるので、獲物ではなくおもちゃをプレゼントするのがよいでしょう。死んだ虫やネズミを仕留めたら、飼い主に見つからないように隠れて楽しみましょう。

飼い主さんへ 母ネコは子ネコに、目の前で獲物を仕留めて狩りの仕方を教えます。われわれも遊んでいると母ネコの気分になり、飼い主を子ネコに見立てて獲物をプレゼントします。そんなときは、怒らずにありがたく受けとって、あとでこっそり処分しましょう。

叱られると目をそらしちゃう

＃対人間　＃目をそらす

反省しているっぽく見せていればOK！

飼い主に叱られているとき、目をそらしてしまうことがありますね。目をそらすことはわたしたちにとっては「降参」の意思表示ですが、困ったことに、飼い主はこのしぐさを「反省していない」と見なすようです……。そんなときは、47ページで学んだ降参のポーズをしましょう。しっぽを股にはさんで、体を縮こませ、弱々しい姿を見せればどんなに鈍感な飼い主にも伝わるはずです。反省しているフリさえしておけば「怒ってごめんね！」と謝ってきますよ。

飼い主さんへ　わたしたちネコは、自分よりも優位な相手ににらまれたとき、目をそらすことで「争うつもりはありません」という意思表示をします。けっして生意気な態度をとっているわけではありませんので、どうかヒートアップしないでください……！

わたしってどう思われてる？

＃対人間　＃相性

飼い主はどんなあなたも愛しています

わたしたちは、まわりからよく「気分屋」といわれるように、そのときの気分によって自分の立場を使い分けていますよね。甘えたいときは甘えん坊モード、イライラしたときは戦闘モードなど、飼い主の都合はおかまいなし。ですが、そんなわたしたちに振り回されるのが好きな飼い主が多いようです。……人間はなんとも不思議な動物ですね。まあ、そういうことなので、どう思われているのか気にすることなく、自分の気持ちはどんどんアピールしていきましょう。

飼い主さんへ　飼い主は、ネコの気分に合わせて、親ネコ、子ネコ、きょうだいネコなどいろいろな役割を果たしてください。ネコはどんな気分なのか、全身で表現しているので、飼い主も全身で受けとめて。受けとめ方を間違えると、痛い目にあうので注意しましょう。

Column

飼い主からの 愛され度診断

ドキドキのチャート診断です！
ふだんの生活を思い出して、質問に答えましょう。

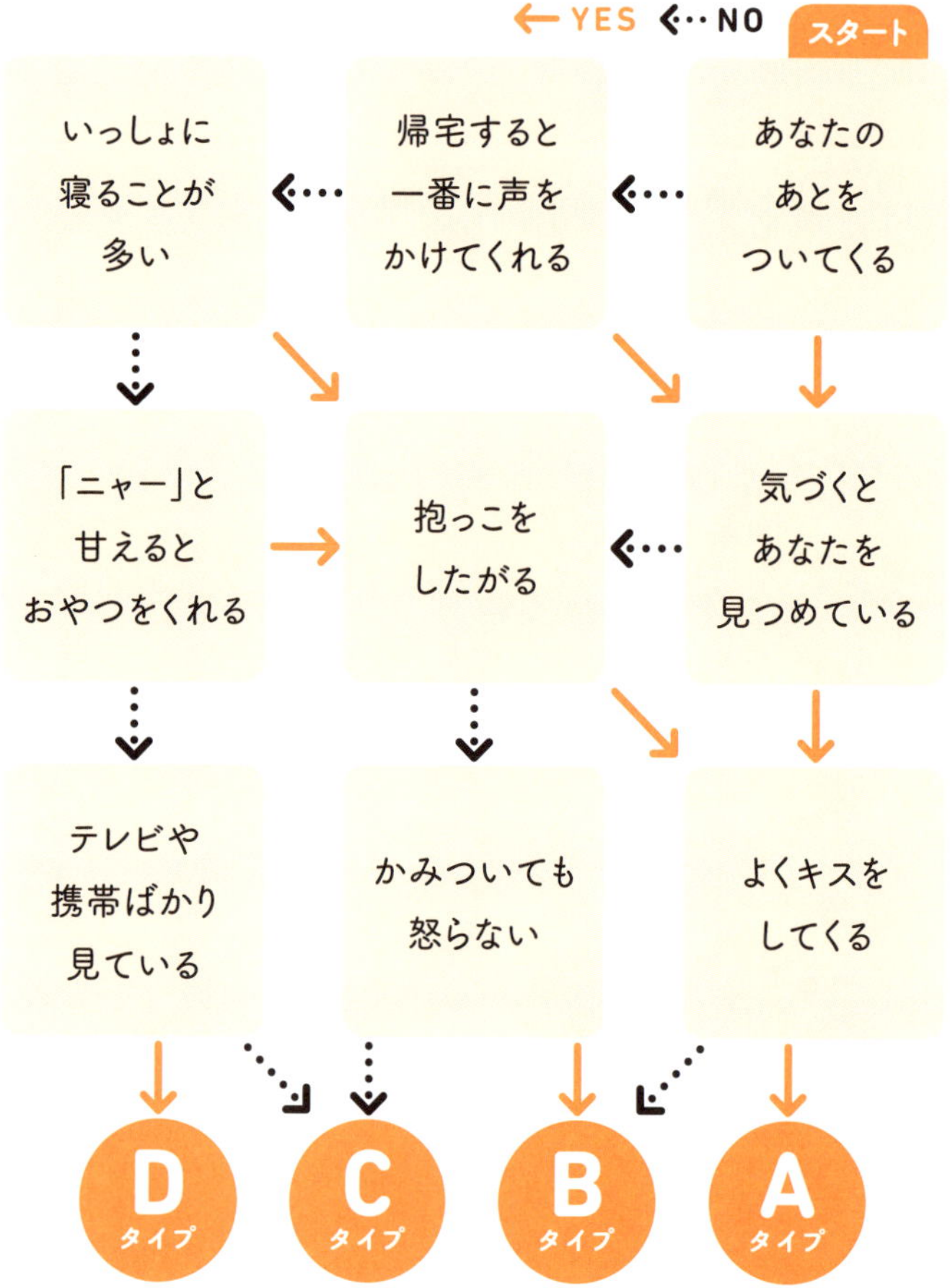

診断結果

結果発表です。きみは飼い主にとってどんな存在かな？

Bタイプのあなたは……

大切な家族！

飼い主にとってあなたは、いっしょにいるのが当たり前な存在。いつもベタベタするわけではないけど、あなたのことを大切に思っていますよ。だから、あなたの些細な異変にもとても敏感です。飼い主が落ち込んでいたら、そばによりそってなぐさめてあげましょう。

Aタイプのあなたは……

相思相愛の恋人♥

飼い主とあなたは、超ラブラブ♥ あなたのすべてを受け入れてくれて、いつもあなたといっしょにいたいと思っています。そんな飼い主を試すような駆け引きはNG！ 不安に思うことがあっても、あなたの飼い主なら大丈夫。安心して、このまま相思相愛を貫いて。

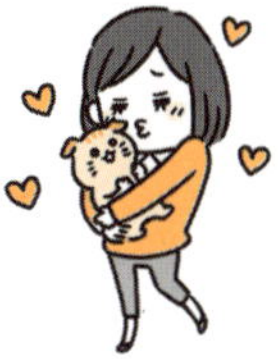

Dタイプのあなたは……

空気のような存在かも

飼い主にとって、あなたの優先順位は低めのよう。つねにそばにいることが当たり前で、ありがたみに気づいていないようです。そんな幸せボケな飼い主は、困らせるのが一番。数日姿を消してみてください。あなたの大切さに気づくはずですよ！

Cタイプのあなたは……

居心地がいい友だち

あなたと飼い主は、適度な距離感で付き合える友だち。いっしょにいてもおたがいに好きなことをしているので、居心地がよいみたいですね。たまには自分から甘えてみたり、遊びに誘ってみたりするのもおすすめ。絆を深めるきっかけになるはず。

人間どうしのケンカを仲裁したい

#対人間　#ケンカ仲裁

2人の間に入って鳴いてみましょう

人間どうしがケンカをしたとき、「家族がケンカをしているなんて悲しい」と思う心やさしい仲間もいるようです。人間のケンカを止めるのはとても簡単。2人の間に入って悲しい声で鳴けば、あとは人間が「わたしたちのケンカを止めてくれたのね」なんて勝手に解釈してくれます。ケンカがヒートアップすると、わたしたちのごはんが忘れられたり、お世話係が家出をしたりすることもあるので、ようすを見て仲裁に入るのがおすすめです。

飼い主さんへ

人間のケンカの雰囲気に不安を感じて「なにをしているの？」と鳴いている、というのが仲裁に入るネコの心理。それを飼い主が「仲裁してくれている！」と勘違いしてケンカをやめることが多いので、鳴けば静かになる、と知っている仲間もいますよ。

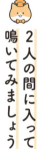

人間の赤ちゃんとの付き合い方は？

#対人間　#赤ちゃんとの付き合い方

遠くから ジッと見つめるべし

人間の赤ちゃんは、大声で泣いたりしますが、わたしたちに危害を加えることはないので、こわがる必要はありません。まずは遠くから見つめて、赤ちゃんがいることに慣れましょう。そのうち、飼い主がわたしたちと赤ちゃんを仲よくさせようとあれこれ試行錯誤をしてくれるはず。それまで別室に隔離される可能性もありますが、きらわれているわけではないので、気にせずのんびり過ごしましょう。赤ちゃんと仲よくなれたら、ごほうびをもらえることもありますよ！

飼い主さんへ　最初に赤ちゃんと対面させるときは、赤ちゃんが寝ているときか、起きていても泣いていないときを選んで。そのとき、無理に赤ちゃんを近づけないように注意してください。われわれネコが自分のペースで赤ちゃんの近くに行くのを待ちましょう。

洋服を着せたがるの、なんで？

#対人間　#洋服

着る必要はないので断固拒否しましょう

人間は、寒いと感じたら分厚い洋服を着てあたたまり、暑いと感じたら薄い洋服を着ます。わたしたちネコはどうでしょうか？　寒いと思ったらあたたかい場所を探しますし、暑いと思ったら涼しい場所に移動します。つまり洋服を着る必要がないということ。にもかかわらず、飼い主は「かわいいから♥」という意味不明な理由や、「これを着てあたたまってね！」という見当違いな理由で洋服を着せようとします。飼い主の趣味に付き合う必要はありません。

飼い主さんへ　イヌが洋服を着るのは、防寒のためやお出かけ先での抜け毛対策など理由があります。しかし、われわれネコには、洋服を着る理由がありません。なによりグルーミングができません！　洋服を着せる＝ストレスなので、無理やり着せないでください。

爪切りのとき、肉球を押されるの

#対人間　#爪切り

爪をきちんと出すコツなんです

わたしたちの爪は、上部の腱をピンとのばせば出るしくみになっています。日ごろからどんなに爪とぎをしていても、のびすぎているとどこかに引っかかったりして事故やケガの原因にもなるので、飼い主によってはこまめに爪切りをしてくれます。そのとき、隠れている爪を出すために肉球を押さなければなりません。肉球を押す力が痛い場合は「痛いニャー」と、か弱い声で鳴いてみましょう。あまり騒ぐと、逆に力を強められることがあるので注意！

飼い主さんへ

われわれネコの肉球は、飼い主たちが思っているよりもずっと繊細。飼い主からすると強い力でなくても、痛いと感じていることもあります。爪切りに自信がない場合は、動物病院やショップにお願いするのもひとつの手です。

ぼくらとしつけは無縁？

#対人間　#しつけ

ごほうびがもらえるチャンスだと思いましょう

よく「ネコはしつけることができない」と言われます。それは、集団で暮らしてきたイヌと違って、ネコは単独で暮らしてきたからです。人間がわたしたちを十分理解していないのと同じように、わたしたちも人間にとってよいこと、悪いことがわからないですよね。

ここで耳寄り情報を教えましょう。人間は、わたしたちがよいことをしたり、いやなことをしなかったりしたらごほうびをくれます。ごほうびがほしくなったら、その行動をくり返してみましょう。

飼い主さんへ　やってほしくない行動をしたときは、霧吹きで水をかけるなどして、「それをしたらいやなことが起きる」と覚えてもらうことが効果的。わたしたちネコは、自分にとって不快なことが起きると、しばらくその場所には近づかなくなります。

Column

クリッカートレーニング

みなさんは、クリッカートレーニングを知っていますか？「なんだ、イヌがやるやつじゃないか」と思った方も多いと思います。クリッカーとは、ボタンや金属板がついていて、押すとカチッと音がするものです。飼い主がしてほしい行動をしたときにクリッカー音が鳴り、この音が鳴るとごほうびのおやつがもらえます。「イヌと同じことができるか！」なんて子もいるかもしれませんが、ごほうびがもらえるんですよ？　だまされたと思って、少し飼い主に付き合ってみるのもよいでしょう。わたしたちの生活によい刺激を与えてくれて、さらに飼い主との絆も深まりますよ。

おれもこの間、飼い主に付き合わされてやってみたよ。クリッカーってやつの音が鳴ったらごほうびがもらえるしくみなんだよね？　最初はごほうびがもらえるから我慢して付き合っていたけど、5分が限界だったよ。最後は、自分でクリッカーを踏んで音を出したのに、ごほうびがもらえなかったんだけど……これって詐欺!?

いつ食べて、いつ寝ればいいの？

#対人間　#生活リズム

好きなときに好きなことをするのがネコ

わたしたちの祖先は、狩りをして食糧を得ていました。狩りが成功しなければ食事ができないので、毎日決められた時間にごはんを食べるような規則正しい食事はしません。今でもこの習性が強く残っているので、食事が準備されていてもその日の気分で食べなかったりします。今まで好きなときに食べて眠いときに寝ていたなら、無理に変える必要はありません。ただ、飼い主へのサービスだと思って、たまには飼い主のペースに合わせてみるのもよいでしょう。

飼い主さんへ　食べたいときに食べて、なにもすることがなければ眠る。それがネコです。たまに食べない日があっても、そんなに心配する必要はありません。ただ、食べないときに下痢をしていたり、元気がなかったりなどのようすが見られたら体調不良かもしれません。

歯みがきってするもの？

#対人間　#歯みがき

ネコは虫歯知らずですが歯周病になる可能性大！

基本的に、わたしたちは虫歯になりにくいといわれています。とはいえ、歯垢がたまりすぎると歯周病になりやすくなるので、定期的にケアしてもらうことが大切です。少しこわい話になりますが、3歳以上の約8割が歯周病になるといわれるほど、ネコには歯周病が多いのです。また、高齢になればそのぶんだけ歯周病のリスクが高まります。そのリスクを減らすために欠かせないのが、毎日の歯みがきです。歯みがきって、慣れれば気持ちいいですよ。わたしは大好きです。

飼い主さんへ　上の歯には唾液腺（唾液が分泌される管）があるので、下の歯に比べると歯垢がたまりやすいです。急に歯ブラシを口の中に入れられるのはトラウマになるほどこわいので、まずはガーゼで歯をこすって、歯みがきに慣れさせましょう。

お風呂って必要かしら？

#対人間　#お風呂

グルーミングとブラッシングで十分です

イヌは、種類によって月に2回ほどシャンプーするようですが、わたしたちには不要です。なんといっても水がきらいなので、極力入りたくありませんよね。飼い主は毛の状態を見てシャンプーするか決めるようなので、こまめにグルーミングをしてきれいな毛並みを維持しましょう。グルーミングに加えて、飼い主にブラッシングをしてもらうことも大切。ブラッシングには、血行をよくする効果もあります。慣れてくると、気持ちよく感じますよ。

飼い主さんへ　体が汚れてしまわなければ、基本的にシャンプーをする必要はありません。そのかわり、定期的にブラッシングをしてください。のみ込む毛の量が多い場合、毛球症という病気になるおそれがあるため、ブラッシングをして余分な毛をとってあげましょう。

人のインフルエンザ、ぼくにうつる？

#対人間　#インフルエンザ

念のため 離れておけば安心です

基本的には、人のインフルエンザは人と人との間でのみ感染が広がり、わたしたちには感染しません。しかし、ある調査では、一定のネコは人のインフルエンザの抗体をもっていることが報告されています。抗体をもっているということは、過去に感染したことがあるということ。まれに飼い主がインフルエンザになると、食欲不振や呼吸器症状（せきや鼻水など）を示す仲間がいるそうです。飼い主がインフルエンザになったときは、距離をおくのがよいかもしれません。

飼い主さんへ 弱ったとき、ついわたしたちネコに甘えたくなる飼い主もいますよね。ですが、インフルエンザにかかったときは、ちょっと距離をおかせてください。飼い主のことはもちろん大好きですが、わたしたちも自分の健康が第一なんです！

病院ってこわいところ？

＃対人間　＃病院

いやなことはされるけど、全部きみのためです

大きな機械やマスクをした人（お医者さん）がいる、病院という空間に恐怖を感じる仲間がたくさんいます。お医者さんに体中をさわられたり、おしりに異物（体温計）を入れられたりすることもありますが、それはすべてきみのため。何度か行けば、お医者さんが案外やさしいことに気づくでしょう。病院や飼い主によっては、診察が終わるとごほうびをくれますよ。ギャーギャー騒いでいるとさらにこわい目にあうことがあるようなので、おとなしくしていましょう。

飼い主さんへ　はじめての病院に行くとき、恐怖でパニックになるネコもいます。そんなときは、飼い主が冷静になり、頭をなでてリラックスさせましょう。あまりにも暴れてしまう場合には、病院に連れて行く前に大きめの洗濯ネットに入れてあげるとおとなしくなりますよ。

Column

こんなしぐさは病気かも!?

わたしたちは野生時代、敵から身を守るために体が不調であっても隠して生活してきました。いつもしないような、なにげないしぐさが、わたしたちが無意識に発している病気のサインです。

よだれが出る

頭を
プルプル振る

目をこする

おしりを床に
こすりつける

体をしきりに
かく

食べているのに
やせる

体調が悪いときも「敵にバレないように……」なんて不調を隠してしまうんじゃよ。病院に行くのがいやだからと、元気なフリをする仲間もいたな。「ちょっと体調が悪いかも」くらいで、病院に行ったら重症だったという仲間をいっぱい見てきたぞ。不調を感じたら、大げさなくらい飼い主にアピールするのが大切じゃ。

無理やりなにか（薬）を飲ませようとする

＃対人間　＃投薬

「良薬口に苦し」というものです

われわれは、ときにまずいもの（薬）を飲まなければならないことがあります。残念ながら、おいしいごほうびといっしょに飲ませてくれる気の利く飼い主は少ないです。しかし、そのなにかは、口に入れたときはとてもまずいのですが、体に入ってしまえば不調がいっきに楽になるものです。元気になりたいのであれば、一瞬の苦みを我慢！　なかなか飲まないと、飼い主が意地になってもっと強引に飲ませようとしてくるので、その前にあきらめて飲みましょう。

飼い主さんへ　あごを強くつかんで、無理やり薬を飲ませるのは、わたしたちネコには恐怖でしかありません。おいしいなにかといっしょに与えてくれれば、しぶしぶ飲む仲間もいます。あまりにも強引に飲まされると、飼い主のことをきらいになるので気をつけてください。

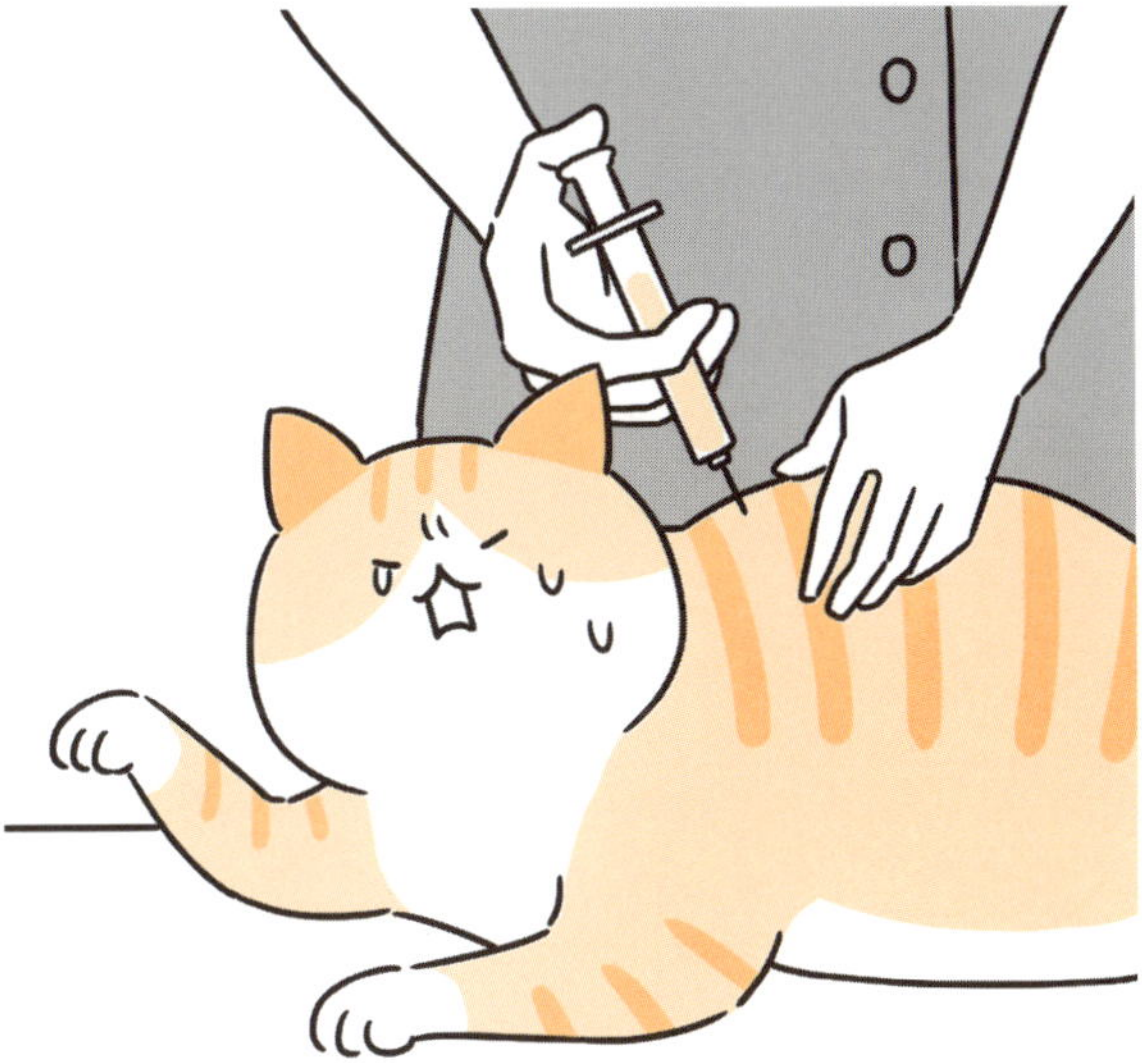

注射って大っきらい！

#対人間　#注射

痛みは一瞬、効果は長期間!!

そもそも、注射のビジュアルがこわいですよね。とがった針、見るからに痛そうです。でも安心してください。ネコは人より痛みには強いですよ！　ワクチン注射の場合は、一瞬の痛みさえ我慢すればさまざまな病気を防ぐことができます。ワクチンを打たずに、病気になって治療するほうが痛みも恐怖も大きくなりますよ……。飼い主の顔を見て、「こわいの……」と甘えれば、きっと頭をなでていてくれるはず。終わったら、すかさずごほうびをおねだりしましょう。

飼い主さんへ　注射が苦手な人がいるように、われわれネコにも注射が苦手な仲間がいます。そんな子には、飼い主がやさしく声をかけながら、顔まわりをなでてリラックスさせてあげましょう。終わったあとにごほうびをあげると、注射に対してプラスのイメージがつきます。

ひとやすみ

親心

怒ってんのよ

3章

ネコミュニケーション ～対ネコ～

わかりあえない同居ネコはいませんか？
ネコとの付き合い方のコツ、いろいろあるんですよ。

新入りが生意気！

#対ネコ　#新入り教育

先住の威厳を示して冷静に対応しましょう

あとからきた新入りネコに、飼い主がメロメロになるのは仕方がないこと。新入りに対して、嫉妬心をむき出しにしていては、飼い主に怒られたり、新入りになめられたりしますよ！　新入りは、先住のあなたにしか教育できません。まずは冷静になって、家のルールやネコ界のルールを教えてあげましょう。面倒を見ているうちに、新入りに情がわいてくることも。また新入りも、かいがいしく世話をしてくれるあなたに、母ネコのような親しみを感じるはずです。

飼い主さんへ

飼い主が、新入りネコばかりかわいがるのはよくあること。ですが、先住ネコからすると、新入りネコばかりチヤホヤされてはおもしろくありません。まずは先住ネコのケアを優先し、2匹が信頼関係を築けるかどうかをそっと見守りましょう。

Column

ネコどうしの相性

わたしたちネコにも、相性があります。ネコによって異なりますが、年齢や性別である程度決まっていると考えられています。

先住　新入

○ 子ネコ　子ネコ

子ネコ時代からいっしょにいれば、性別に関係なく仲よしになれる可能性大。

○ 成ネコメス　成ネコメス

メスは、オスに比べるとなわばり意識が弱いため、比較的トラブルが少ない組み合わせです。

× シニアネコ　子ネコ

シニアネコが子ネコをうるさく感じるかもしれません。

先住　新入

○ 成ネコ　子ネコ

新入りが子ネコの場合、成ネコは自分の敵として認識しないため、受け入れやすいようです。

△ 成ネコオス　成ネコメス

そこまで相性は悪くないでしょう。先住がメスの場合も同様です。

× 成ネコオス　成ネコオス

なわばり意識が強いので、ケンカが多くなる可能性があります。

これはあくまで一般的に言われていること。成ネコのメスどうしでも、ケンカばかりでうまくいかないこともあるわ（実体験談）。結局はネコ次第だし、試してみないとわからないわね～。

先住ネコがいつも高い場所にいる

＃対ネコ　＃高い場所に先住ネコ

「高い場所＝よい場所」と知っているからでしょう

周囲を見わたすことができる高い場所は、遠くの敵を見つけることができるので安心感があり、敵が襲ってきても逃げやすいので安全です。先に住んでいたネコは、家の中でどこがよい場所かをしっかりと把握しています。キャットタワーの最上段など、いつも高いところにいるのでしょう。あなたも同じ場所に行きたいって？　やめておいたほうがよいですよ。先住ネコは居心地がよい場所をゆずりたくないはず。むだなもめごとは起こさないことが、平和に過ごす秘訣です。

飼い主さんへ　争いを好まないネコは、自分より強い相手によい場所をゆずります。なので、必然的に「高い場所にいる＝強いネコ」ということに。のらの世界でも同じです。塀の上を歩いているときに自分より強いネコに出会ったら、サッと地面に降りて道をゆずるんですよ。

うちの子、わたしの声がわかるかしら？

＃対ネコ　＃子ネコの聴力

子ネコはきちんと聞き分けられます

子ネコは、鳴くことで母ネコに自分の居場所を知らせます。また、母ネコも子ネコを鳴いて呼び寄せるため、子ネコはちゃんと母ネコの声を聞き分けられています。なんと、生後4週齢までには、正確に聞き分けられるようになっているのです！　複数のネコが同時に鳴いたとしても、基本的に聞き間違えることはありません。人間の赤ちゃんも、お母さんの声を聞き分けることができるみたいですよ。赤ちゃんってすごい力を秘めていますよね。

飼い主さんへ

わたしたちネコは、飼い主たちよりも耳がと～ってもいいんです。ネズミの足音や超音波レベルの音も聞きとることができます。そのため、ネコがいない部屋で悪口を言っていても、わたしたちにはしっかり聞こえてますよ！

かまってほしいんだけど！

＃対ネコ　＃しっぽを立てる

しっぽを立てて近づいてみましょう

わたしも子ネコのときは、母ネコに甘えたくてしっぽを立ててアピールしたものです。子ネコのときは、自分ではうまく排せつできないので、母ネコがおしりをなめて排せつを促してくれます。そのときに母ネコがなめやすいようにしっぽを立てていた習性がおとなになっても残っているため、親しみを感じている相手にかまってほしいときは、しっぽを立てて近づく仲間が多いです。きっと相手も「あら、わたしを母ネコだと思っているの？」と遊んでくれることでしょう。

飼い主さんへ　しっぽを立てる行為には、どこかに移動するときに、母ネコに見失われないように「ぼくはここにいるよ」と自分の居場所をアピールする役割もあります。また、気分がいいときにも無意識にしっぽが立ってしまうので、まわりに気分がバレやすいのです……。

あいつ、舌出して寝てる。ダサいわね

#対ネコ　#舌が出る

前歯が小さいから舌が出やすいんです

コラコラ、そんなことを言ってはダメですよ。なにかに気をとられたり、眠ったりしていると舌をしまい忘れてしまうことがあります。そもそも、ネコは前歯が小さいので舌が出やすいのです。気を抜いているときには、ペロッと舌が出たままに……。きみも気がついていないだけで、舌が出たままになっていることがあるかもしれません！　プライドが高い仲間が多いので、舌が出たままになっているところを見かけても、指摘せずにそっとしておくのがよいでしょう。

飼い主さんへ　舌が出ていること自体、とくに問題はありません。とくに、シニアネコやペルシャなどのあごの短い種類は、舌が出やすくなります。しかし、舌が出ているだけでなく、口臭がきつかったり、食欲がない場合は口腔系の病気の可能性があります。

気になるあいつ……ケンカしていい？

#対ネコ　#ケンカ

折り合いをつけるためにケンカするのもアリ！

わたしたちは、ネコパンチをまじえずとも相手のレベルがわかるので、負けるとわかっているケンカはしません。どうしても気になる相手がいるのであれば、力はきっと同程度でしょう。その場合は、どちらが強いかはっきりさせるためにケンカしてみるのもひとつの手。そうそう、ケンカをしかけてみたけど、ボロボロに負けた……なんて子もいました。プライドを守りたいのであれば、相手の存在を無視しているのがよいのかもしれませんね。

飼い主さんへ　本当は、わたしたちだって争いごとはしたくありません。しかし、ときには自分のプライドをかけて戦わなくてはならない場面に出くわすことも。血が出るくらいの激しいケンカであれば仲裁を、そうでなければそっと見守っていてください。

Column

ケンカのときの姿勢

わたしたちネコにも、戦わなければいけないときがあります（本音ではケンカをしたくありませんが）。ケンカのとき、勝負のカギをにぎる4つのポーズを学びましょう！

ハッタリ

強く見せようとがんばって腰を高くあげても、心の中でこわいと思っていると、自然と上半身が低くなりがち。残念なことに、われわれの体はとても正直なのです……。

威風堂々

相手が自分よりも弱そうな場合、腰を高くつきあげて体を大きく見せることで、相手に威圧感を与えましょう。そうすれば、相手はあなたに恐怖を感じて逃げ出すはずです。

降参！

相手の威かくに恐怖を感じ、最初から降参するのもひとつの手。そんなときは、体を低くして、しっぽを股の間に隠すのです。そうすれば、相手が攻撃してくることはありません。

悪あがき

超負けずぎらいな子は、ハッタリの姿勢から、さらに横向きになり、涙目で「こっちに来るとこわい目にあうぞ！」と訴えるんです。全然こわくないですね。

最初から降参なんて弱虫ネコしかしないぞ。まずは威風堂々ポーズで相手を威かくだ！ 間違いなく相手はひるむはずさ。まあ、威かくしても負けそうだったら迷わず降参するしかないな……。

ネコどうしのあいさつって？

#対ネコ　#あいさつ

鼻をくっつけて口のにおいをかぎ合います

われわれの嗅覚は、人間の数万倍以上。いろいろなものをにおいで識別していますよね。ほかのものを識別するときと同様に、ネコどうしもにおいで認識するので、おたがいに鼻と鼻をくっつけてクンクンとにおいをかいであいさつしましょう。え？　口のにおいが同じ仲間がいるんじゃないかって？　それは大丈夫。わたしたちの口のまわりには臭腺《しゅうせん》というものがあり、ネコによって違うにおいを発しているのです。口臭が気になる？　飼い主にケアしてもらいましょう。

飼い主さんへ　わたしたちは視力が弱いため、見た目ではおたがいの姿をぼんやりとしか認識できないのです。そのかわり、人間と違ってずば抜けた嗅覚をもっているので、においで完ぺきに仲間をかぎ分けることができるんですよ！

首になにかをつけた不審ネコが……！

#対ネコ　#エリザベスカラー

エリザベスカラーをつけたあなたの仲間です

飼い主とどこかに行った先住ネコが、たまに首に変なものを巻いて帰ってくることがあります。きっと病院に行ったのでしょう。そもそも、相手の姿はぼやけてはっきりわからないし、頼みのにおいは病院のにおいがついていて先住か認識するのは困難。でも、飼い主と帰ってきたということは、先住の可能性が高いです。首に巻いている変なものは、「エリザベスカラー」といって、傷口などをなめないようにするためのもの。先住ネコを傷つけないよう、笑わないように！

飼い主さんへ　いつもの行動を妨害するエリザベスカラーは、健康のためにやむを得ないとはいえ、どうしても違和感があって気持ち悪いんです。カラーのカーブを浅くしたり、幅を短くしたりするなど工夫してもらえますか？　もちろん、大好きなおやつも忘れずに。

あいつ、ウンチを隠さないんだ

＃対ネコ　＃ウンチを隠さない

ウンチを隠さないのは自信の象徴！

わたしたちがウンチに砂をかけるのは、ウンチのにおいで敵に自分の居場所をバレないようにするための本能的な行動。反対に、ウンチを隠さないネコは、自分のことを強いと思っている証拠です。ウンチのにおいを漂わせて、「ここはおれの居場所だ！」と自分の強さをまわりにアピールしているのです。同居している仲間がウンチを隠さないのであれば、きみよりも強いと思っている可能性がありますね。もしかすると、相手になめられているのかも……!?

飼い主さんへ　砂をかけていたのに、急にかけなくなった場合は注意が必要です。なにか不安や不満に思うことがあるのかもしれません。トイレのようすがいつもと同じか、こまめに確認してください。まれに砂をかけたくてもうまくかけられない不器用なネコもいます。

オスのオシッコはくさいわね

#対ネコ　#オスのオシッコ

強さの表れ。まさに男の威厳です

われわれのオシッコは、ほかの動物よりも強力なにおいがします。これは、砂漠で暮らしていた祖先が水分を温存するため、濃いオシッコを少量出していたから。とくにオスのにおいが強いのは、ホルモンが影響しているといわれています。交尾の相手を選ぶ決定権はメスにあるので、オスは自分がいかに強いかをアピールしなければいけません。オシッコのにおいが強いほど、狩りのうまさを示すホルモンがたくさん含まれているため、オスは必死でくさいオシッコをします。

飼い主さんへ　きっと、われわれオスのオシッコのにおいに嫌気がさしている飼い主も多いはず。自慢ではありませんが、オスのオシッコのにおいは、ペット用の洗剤でもなかなか落ちません！　これはオスの性《さが》。オスネコと暮らす宿命です。

引っ越しか。いなくなるとさびしいな

#対ネコ　#引っ越しさびしい？

そのうち忘れるので心配いりませんよ

ネコの一生、出会いもあれば別れもあります。いっしょに暮らしていたのに、飼い主の都合で離ればなれにならなければいけないことも。しかし、ネコはもともと単独で暮らしていたので、きょうだいネコや母ネコのことも離れてしまえば忘れてしまいます。最初はさびしく感じるかもしれませんが、いつのまにか相手のにおいなんて忘れますよ。しばらくしてから再会しても、おたがいに「だれ？」状態。飼い主だけが再会を感動している図になること間違いなしです。

飼い主さんへ　飼い主たちも、出会ったり別れたりが多くて大変ですね。われわれネコは一見ドライに見えますが、なかには繊細な仲間もいるんですよ。相手のにおいはすぐに忘れてしまいますが、できれば別れは経験したくないものです。

Column

仲直りはできる？

以前仲がよかった相手となら仲直りできますよ。おたがいの存在を無視しつつ、いつもどおりの生活をしていれば、自然と元の仲に戻るはずです。ただし、血が出るほどのケンカをくり返す場合は考えもの。おたがいに対するいやな記憶がなくなるまで、部屋を分けて会わないことをおすすめします。期間をおいて顔を合わせてみて、またケンカをするならもう一度離れます。無理やり仲直りさせようとする飼い主がいますが、あれは逆効果ですよね。

年をとるとまるくなる、なんていわれているぞ。若いときは、おたがいにプライドが高くて、相手にゆずることがなかなかできないんじゃ。年をとれば、今まで気にしていたことも急に気にしなくなったり、相手にやさしくしたりすることもできるようになるもんじゃよ。

オスだけど、子ネコの世話をしたい

#対ネコ　#育メン

最近は育メンも多いです

のらのオスは、交尾が終わると別のメスを求めて去ります。同じオスとして少し無責任な気もしますが、ネコ界では自然なこと。出産するころにはオスがいないので、必然的に子育てはメスだけの役割になります。しかし、人間と暮らす仲間の中には、別のメスを求めながらも子ネコと遊んだり、世話をやいたりする母性あふれるオスもいるようです。最近は、人間でも「育メン」というのが流行《はや》っているように、ネコ界にも育メンブームがきているのかもしれませんね！

飼い主さんへ

メスネコと同様、オスネコにもおっぱいがあります。母性あふれる育メンとはいえ、もちろん母乳は出ません。オスのおっぱいにはとくに役割がないのです。人間のオスも同じですよね？　母乳が出ずとも、子育てに奮闘する彼らをあたたかく見守ってください。

ニヤニヤしてる……

#対ネコ　#フレーメン反応

フェロモンを感じとっています

目を見開き、口を半開きにした表情でしょうか？それは笑っているわけではなく、フェロモンを感知している表情ですよ。われわれは、なにか強烈なにおいをかぐと、鼻の奥にある「鋤鼻器《じょびき》」（別名・ヤコブソン器官）でフェロモンを感知しようとします。このとき同時に口を半開きにして、鋤鼻器への通り道を広げるのです。この反応を「フレーメン反応」とよびます。この表情をしたとき、たいていの人間は「変顔だ！」と笑うんですよ、失礼しちゃいますね。

飼い主さんへ　ネコのフェロモンは、口のまわり、乳腺、肛門腺、しっぽのつけ根、泌尿生殖器周辺から分泌されています。とくに口のまわりから出るフェロモンは「フェイシャルフェロモン」とよばれ、ネコに安心感を与える効果があるといわれています。

スヤスヤ……あれ、同じポーズで寝てる？

#対ネコ　#シンクロ寝

仲よしだけができるシンクロ技！

気温やそのときの安心度によって、寝姿は変わります。偶然同じ寝姿になることもありますが、それが親子の場合は、親ネコの姿を子ネコがまねしている可能性も。子ネコは、親ネコのまねをする習性があるからです。人間どうしでも、好意をもつ相手のしぐさや行動を無意識にとり込んでしまうことがあるように、われわれも親しい相手とは自然と同調しようとしているのかもしれません。どちらの理由でも、相手に対する信頼があるからこそできることです。

飼い主さんへ　子ネコと親ネコだけでなく、きょうだいネコや飼い主と同じポーズをとるのも、親ネコのまねをする習性の名残と考えられています。飼い主の寝姿をまねしていたら、あなたを親ネコかきょうだいネコだと思っているのかもしれませんね。

わたしにおしりを向けるな！

#対ネコ　#おしり向け寝

あなたを信頼している証拠

われわれネコは、とても警戒心が強い動物。安心できる環境にいて、心から信頼している相手でないと、なかなか相手におしりを向けることはできません。もし仲間が自分におしりを向けて寝ていたら、それはあなたをかなり信頼していると思ってよいでしょう。そんな相手に、冗談半分でも、後ろからいたずらをしたり、攻撃したりはしないように！　冗談が通じない相手であれば、一生恨まれるか、二度と口をきいてくれないおそれもあります。

飼い主さんへ　飼い主におしりを向けて寝ている仲間もいます。あなたのことを、母ネコかきょうだいネコのように思っているのかもしれません。あなたの存在に安心している証拠です。顔のすぐ近くにおしりを置かれようとも、喜ぶべきことです♥

ネコの集会、ドキドキの初参加！

#対ネコ　#ネコの集会

まずは謙虚に一定の距離をおいて座って

夜の公園や駐車場で行う集会では、のらネコたちはなにをするわけでもなく、おたがいに適度な距離を保ちながら過ごしているだけです。都会の場合、自分のなわばりをもちつつも、行動範囲はかぶりがち。そのため、集会で近くのなわばりのネコと顔見知りになることで、地域の「ネコミュニティー」の安定を保っています。新入りははりきりすぎずに、みんなよりも低い位置で、少し距離をとって座りましょう。先輩たちが話しかけてきたら、礼儀正しくあいさつを！

飼い主さんへ

ネコの集会では、おたがいの情報を交換するだけでなく、繁殖期には交尾の場にもなります。昼間はおたがいに無視して暮らしているのらネコたちも、集会ではほかのネコと情報交換をし合い、ネコらしくゆる〜く交流をしているんですよ。

のらネコの暮らしって？

#対ネコ　#のらネコの暮らし

なわばりをパトロール

自由気ままに外を歩いているだけに見えるのらネコたち。実は、自分のなわばりに異常がないかパトロールしているのです。パトロール中には、ほかのネコが自分のなわばりに出入りしていないかを確認し、なわばり内にオシッコをかけて自分の痕跡を残したり、メスに自分をアピールしたりします。万が一、自分のなわばりが荒らされている場合には、相手を探して徹底的になわばり争いをするとか……！　たまに外出する方は、そこがだれのなわばりか注意しましょう。

飼い主さんへ　室内で暮らすネコには、室内がなわばりです。室内だけではかわいそう、と思う飼い主もいるかと思いますが、自分のなわばり内で暮らしているだけでわれわれは幸せ。室内なら感染症や事故にあう危険もないので、くれぐれも外には出さないように！

ネコ学テスト –前編–

どれだけネコ学が身についたか、〇×テストでチェックします。
まずは、1〜3章を振り返りましょう。

第1問 頼みごとをするときの鳴き方は「ニャッ」である。 [　　]
→答え・解説 P.16

第2問 相手を威かくするときの鳴き方は「ミャーオ」。 [　　]
→答え・解説 P.20

第3問 気分によって、耳の傾きが変わる。 [　　]
→答え・解説 P.48

第4問 おしりを向けるのはきらいだから。 [　　]
→答え・解説 P.91

第5問 びっくりすると瞳孔が大きくなる。 [　　]
→答え・解説 P.50

第6問 あいさつの基本は「ニャオ」。 [　　]
→答え・解説 P.34

第7問 楽しい気分になると、しっぽがふくらむ。 [　　]
→答え・解説 P.45

第8問 しっぽを左右に揺らすのは、うれしいから。 [　　]
→答え・解説 P.46

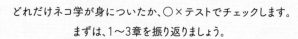

第9問 子ネコは母ネコの声を聞き分けることができる。　[　　　]
→答え・解説 P.77

第10問 お風呂に入らないと、不潔になる。　[　　　]
→答え・解説 P.66

第11問 こわいときは、しっぽを股の間にはさんで隠す。　[　　　]
→答え・解説 P.47

第12問 ゴロゴロとのどを鳴らすのは、気分がいいときだけ。　[　　　]
→答え・解説 P.26

第13問 ニヤニヤするのはうれしいから。　[　　　]
→答え・解説 P.89

第14問 疲れているときにため息が出る。　[　　　]
→答え・解説 P.31

第15問 歯みがきしなくても、歯周病にならない。　[　　　]
→答え・解説 P.65

11〜15問正解

ネコ学上級者！　この勢いで、後編も高得点をめざしましょう。

6〜10問正解

基礎はばっちりです。もう一度復習しましょう！

0〜5問正解

……あなたは本当にネコですか？　イチから学び直しましょう。

ひとやすみ

ネコの集会

こわくなんてないで！

4章

ナゾの行動

「なぜこんな行動をとってしまうの？」

その秘密は、われわれの本能に隠されています。

ごはんはチョイ食べ！

#行動　#チョイ食べ

ムラ食いが食事の基本

わたしたちネコは、もともと狩りをして生活していたので、獲物がとれなかったときは食事をしないこともありました。つまり、毎日決まった量を食べる習性がありません。その習性が今も残っているため、たくさん食べる日とまったく食べない日など、気分によって食べ方にムラがあるのです。まれに、出されたごはんを毎日ペロリとたいらげる、食欲旺盛な仲間もいますよ。あなたのごはんも食べられてしまわないようにしっかりガードしましょう！

飼い主さんへ　食事の途中で、ごはんに砂をかけるようなしぐさをすることがあります。「今は食べる気分じゃないし、砂をかけて隠しておこう」と野生のスイッチが入るのです。出されたごはんが気に食わないわけではありませんよ。

あお向けでゴロゴロしよ〜♥

#行動　#おなかを見せる

飼いネコならではの安心感ゆえですね

やわらかいおなかは、わたしたちにとって弱点。気やすくさらしてはいけない部分ですが、「ここは絶対に安全」と思える場所では、思いっきりおなかを見せてリラックスしてみましょう。われわれだって、いつも警戒していたら疲れますからね。とくに、飼い主の前でゴロンと横になって、おなかを見せてみるのがおすすめです。あなたの無防備な姿に、飼い主はイチコロ。かまってほしいときや、自分の要求を通したいときにだけ使う賢い仲間もいるんですよ。

飼い主さんへ　急所であるおなかをさらけ出すなんて、野生の世界ではありえないこと。完全にあお向けでなくても、横を向いて頭を下につけた姿勢も安心している証拠です。おしりや背中を無防備にするのは、敵がいないと確信できる安全な場所でのみできることですよ。

排せつ後は猛ダーッシュ!!

＃行動　＃トイレハイ

トイレ後に起きる通称・トイレハイ!!

あなたもトイレのあとに部屋の中を駆けまわることがあるのでは？　わたしはこれを「トイレハイ」とよんでいます。ひたすら駆けまわるだけでなく、爪をガシガシとぐ、おたけびを上げるなどさまざま。またトイレの前にハイになる仲間もいます。これは、野生時代の名残。野生では、狩りの途中や高い場所で排せつをすることがあり、それを隠しませんでした。しかし目立つところで排せつをするのはとても危険。かなりの大仕事なので、テンションが上がるようです。

飼い主さんへ　基本的に、トイレハイは病気ではありません。しかし、なかには便秘や膀胱炎が原因で、トイレハイのような行動をとるネコもいます。いつもとようすが違うなど、少しでも気になることがあれば、お医者さんに相談しましょう。

Column

不潔なトイレは大きらい

わたしたちはとてもきれい好き。排せつ物がたまった、細菌がウジャウジャいる不潔なトイレは大きらいです。不潔なトイレがいやで排せつを我慢して、病気になってしまった仲間もいました。トイレ掃除は飼い主の義務なので、堂々と「砂を替えて、きれいに掃除して！」と抗議しましょう。「飼い主が留守にしがちで、すぐに掃除をしてもらえない」ですって？　トイレをいくつか用意してもらえば、きれいな砂でトイレができますよ。

わたしの飼い主はとってもきれい好き。わたしがオシッコをしたら、オシッコがついた砂をとりのぞいて、新しい砂を足してくれるのよ。月に1回はトイレごと丸洗いしてくれるわ。おかげで毎日気持ちよくトイレしているの♥　不潔なトイレとは無縁よ。いい飼い主をもったわ〜。

ここはわたしのなわばりよ！

#行動　#爪とぎ

背のびをしながら爪とぎしましょう

爪とぎには、お手入れのほかに、指の間や肉球の臭腺から出るにおいをつけるマーキングの意味があります。背のびをしながら爪とぎをすると、視覚的に自分を大きく見せることができるため、相手に対して「強そう」という印象を与えることができます。さらに、高い位置に爪あとを残しておくことで、「こんなに大きなネコがいるんだ……」とまわりに思わせ、なわばり争いを避けることができるのです。より強く見せたい仲間は、台に乗って爪とぎをするとか。

飼い主さんへ　爪とぎには、このほかにも理由があります。興奮状態のときやストレスを感じているときに、自分の気持ちを静めるために一心不乱に爪とぎをするのです。そんなときに人間が手を出せば、引っかかれること間違いありません！

狩りの前におしりを振っちゃう♥

#行動 #おしりフリフリ

ハンターモードに突入しています！

もともとネコはネズミなどの小動物を捕食して生活していたので、イヌなどに比べて高〜いハンティング技術をもっています。獲物を見つけると、体勢を低くして草むらに隠れ、確実に仕留めます！ 獲物にねらいを定めるときに、しっぽを揺らしてバランスをとるため、おしりがフリフリと動いてしまうのです。オスの場合、それを見た飼い主から「女の子みたい」と言われてしまうこともあるようですが、そんなときにはネコパンチを一発お見舞いして黙らせましょう。

飼い主さんへ 飼い主と暮らし、狩りをしないネコにも、本能的にこのしぐさが残っています。じゃらし棒などに飛びかかろうとするときや、人の足を獲物に見立てて遊んでいるときなどに、ハンターの血が騒いでおしりをフリフリさせるのです！

なにあれ、気になる……

＃行動　＃２本足立ち

２本足で立ち上がってみましょう

上のほうを見るときや、かすかな物音や気配を感じとるときには、後ろ足で立ち上がってみるのがおすすめ。好奇心の強い仲間や、警戒心の強い仲間はよく2本足で立ち上がり、まわりのようすを探っていますよ。プレーリードッグのようだといわれることもありますが、特殊なポーズではありません。「サーカスの芸みたい」ですって？　断じて違います、われわれは芸なんてしません。われわれは、われわれのために立ち上がっているだけですよ。

飼い主さんへ　気になる音やにおいがするときに、後ろ足で立って正体を探ります。じゃらし棒を追いかけているときに、無意識に立ち上がっていませんか？　ネコは、後ろ足の筋肉が発達していて、体も柔軟なため、それほど負担になる体勢ではないのです。

あの音、どこから聞こえるんだろう？

#行動　#首をかしげる

首をかしげて音の発信源を探ります

われわれの聴力はとても優れていますよね。耳を180度自由に動かせることは知っていますか？　左右の耳を別々の向きに動かすこともできますよ！　さらにおすすめなのが、首をかしげてみること。耳の角度を変えることで、音源のある方向や距離を、より正確につかむことが可能です。人間もたまに首をかしげますが、これは音源を探っているわけではなく、ただ「わかんなーい」という表現。わたしたちを見習って、答えを追求する努力をしてほしいものです。

飼い主さんへ　われわれの耳は、音の中でも高音の聞きとり能力がピカイチ。そのため、人間の高い声や突然の大きな音にはとても驚きますし、ストレスになります。人間の子どもが苦手なネコたちは、子どもたちが高い声で騒ぐのが原因みたいですね。

4章
ナゾの行動

雨の日って動きたくない

＃行動　＃雨の日

狩りができない日は体力温存の日

野生の名残ですね。雨の日の狩りは、獲物の音も聞きとりづらかったり、においをかぎとりにくかったりで、失敗する可能性が高いんです。それに、雨で毛が濡れると体力も消耗してしまいます。このように、野生で暮らすネコにとって、雨はマイナスの要因でしかありません。「むだな体力は使わずに、今日はおとなしくしておこう」となるわけです。

反対に、晴れの日は絶好の狩り日和。雨・晴れどっちつかずのくもりは、モヤモヤしちゃいますね。

飼い主さんへ　われわれのテンションは時間帯によっても変化します。野生では、朝に狩りに出かけ、食後はゆっくりと休息して体力を温存し、夜に再び狩りに出かけます。夜にいきなりテンションが上がって走りまわるのは、野生モードのスイッチが入るからなんですよ。

Column

天気で変わる気分

自然界で行われる狩りの成果は、天気によって大きく左右されます。晴れの日は、狩り日和なのでやる気満々・元気ハツラツですが、雨の日は獲物となる小動物が巣穴に隠れてしまうため、やる気がおきず、気分が下がります。雨の日は体力を温存させるために寝ているのが一番。くもりの日は狩りに支障はありませんが、「雨が降るかもしれない……」など、はっきりしない天気にソワソワしてしまいます。このように、野生時代の本能が今でも残っているため、天気によって気分が変わってくるのです。

おれたちが天気によって気分が変わるのも、「ネコは気分屋」なんて言われる原因のひとつかもしれないけど、こうやって根拠があるんだからな。本能には逆らえないのは、人間だって同じだろ？

おしりからくさいにおいが……

＃行動　＃オナラ

それは腸のガス、いわゆるオナラです

その正体はオナラです。腸で炭水化物などを分解するときに、二酸化炭素ができ、それがオナラとしておしりから出ていきます。人間はオナラをするときに、「プッ」や「ブー」など音が出ますが、ネコはあまり音を出しません。出したとしても、ごく小さな音です。

知り合いの娘が「パパのオナラ、くっさいの〜」と言うのですが、それは間違い。オスとメスでオナラのにおいに差はありません。においの差は、食べたものによりますよ。

飼い主さんへ ネコも人間と同じようにオナラをするんですよ。においの強さは、ごはんのたんぱく質の量によります。キャットフードはたんぱく質が豊富なので、イヌよりくさいはずです。また、腸でうまく消化されていないと、くさい傾向にありますね。

家電の上って快適～♥

#行動　#家電の上が好き

電化製品は絶好のあったかポイント

わたしたちは、寒いと感じたらあたたかい場所を探して移動します。電子レンジやストーブなどの電化製品は熱を発しているため、「体をあたためるときはあの家電」と決めている方も多いのでは？

わたしの同僚のお気に入りは、パソコンのキーボード。飼い主がキーボードをカタカタ打ちはじめたら、すかさずキーボードの上に乗ってあたたまるそうです。迷惑そうにされても、ゴロンとおなかを見せて甘えればすぐに許してもらえるみたいですよ。

飼い主さんへ　われわれネコは、温度の変化に鈍感（153ページ）なので、ストーブなどでやけどしてしまう事故が多々起きています。少し寒くなってきたら、ペット用のヒーターなどを設置するなど、ネコが安全にあたたまれる場所をつくってもらえると安心です。

窓辺でジ〜ッと外を監視

#行動　#窓辺で監視

侵入者がいないか見張っているんですね

室内で暮らす仲間も、自分のなわばりが安全かどうか警戒しています。同居ネコがたまに窓の外を見ていることがありませんか？　これは、ただ窓の外にある木や草が揺れているのを眺めているときもあれば、なわばり（室内）に侵入者がやってこないか見張っていることもあるのです。「室内は安全だから」と平和ボケをしていては、万が一、敵が侵入してきたときに太刀打ちできません。日ごろからなわばり周辺はガッチリ警備しましょう！

飼い主さんへ　窓の外をジーッと見つめていると、「閉じ込められてかわいそう。外に出たいのね」と思う人がいますが、それは大きな勘違い。敵がまったくいなくて、食べものにも困らない……こんな最高の場所からわざわざ出ようだなんて、微塵たりとも思いませんよ。

あちこちでオシッコしちゃう

#行動　#粗相

自分のにおいをつけて安心しています

立ったまましっぽを上げてスプレー状にオシッコをすることを「スプレー」とよびます。これは、自分のにおいをつけるためのマーキング行為で、かなり強いにおいがします。野生の仲間は、スプレーであちこちに自分のにおいをつけてまわるのですが、なわばりが安定している室内で暮らすネコは、基本的にマーキングをする必要がありません。しかし、環境の変化や来客などに不安を感じたときに、思わずしてしまうこともありますね……。

飼い主さんへ　いつもは粗相をしないのに、急に粗相をするようになったときは、なにかストレスを感じていることがあるはずです。粗相をしても、しばらくはやさしく見守って。ストレスの元が解消できるようなものであれば、不安をとりのぞいてあげてください。

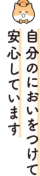

不安……体をなめるのがクセなの

＃行動　＃体をなめる

自分を落ち着かせるよい方法です

体をなめる行為には、体をきれいにする以外にも、興奮をおさえて心を落ち着かせる効果があります。子ネコのころに母ネコに体をなめてもらったことを思い出し、幸せな気分になるのかもしれませんね。

ネコどうしのケンカ中、相手がいきなり体をなめはじめたことはありませんか？「興奮しすぎた、いったん落ち着こう……」と気を静めているのです。あなたも体をなめて心を落ち着かせて、相手の次の出方を待ちましょう。

飼い主さんへ　飼い主に怒られている最中、わたしたちが体をなめると「ちょっと！　反省しているの!?」とさらに怒られることがあります。反省していないわけではなく、わたしたちなりに精神バランスをとろうとしているのです……。怒らないでください。

Column

不安をやわらげる「転位行動」

わたしたちネコは、ストレスや不安を感じるとなにかほかの行動をして気を紛らわします。これを「転位行動」といいます。人間でいうと、困ったときに頭をかくなどですね。たとえば、体をなめて気持ちを落ち着けたり、緊張から解放されるとため息をついたり、鼻をなめたりするのも転位行動。飼い主には、ストレスを感じていることに気づいてほしいところですが、「かわいい♥」などと言われてしまうのがオチなんですよね。もっとわたしたちの心と行動の関係について勉強してほしいものです。

転位行動ってなんだかむずかしい言葉だね。そういえば知り合いのおじいちゃんネコ、ぼくが遊んでほしくてくっついているときに、いつも体をなめたりため息をついたりしているかも……え!? まさかあれが転位行動なの!? つまり、ぼくのことをストレスに感じているってこと!?

目を開けたままあくびが！

＃行動　＃あくび

おそらく緊張しているのでしょう

目を閉じてするあくびは、眠たいときにするものです。では、目を開けたままあくびをする場合は、どういう理由だと思いますか？　……はい、正解です。つい先ほどお教えした「転位行動」（113ページ）のひとつです。なにかストレスを感じたり、緊張したりしているときに、あくびで気を紛らわそうとします。しかし、まわりの状況は警戒しておきたいから、目を閉じるなんて絶対にできない……。そのような葛藤の末、目を開けたままあくびをしてしまうのです。

飼い主さんへ　飼い主に叱られている最中にこのあくびが出たら、あなたの緊迫した空気が伝わっている証拠。緊迫した状況だからこそ、目をカッと開いて警戒しているのです。イヌも同じように、緊張を紛らわすためにあくびをすることがありますよ。

せまい場所って落ち着くニャ〜

＃行動　＃せまい場所が好き

昔住んでいた場所を思い出すのかも

わたしたちは野生時代、小さな岩穴などのせまくて薄暗いところを隠れ場所にして生活していました。そのため、今でもせまくて暗い場所にいると安心するのです。とくに、敵が侵入する隙間もない、自分の体がぴったり入るサイズの場所がおすすめです。

わたしの飼い主、高価なベッドを買ってくれたのですが、一度座ったら全然落ち着かなくて。いつもの段ボールに戻りました。飼い主はショックを受けていましたが、居心地のよさ重視なので理解してほしいですね。

飼い主さんへ　あきらかに自分のサイズよりも小さい箱に入ろうとする仲間もいます。きっと、子ネコのときには入れたから、今も入れるだろうと思い込んでいるのでしょう。入ってほしくないせまいスペースがあれば、ものを置いてふさいでください。

リラックスできる座り方、教えて！

#行動　#オヤジ座り

オヤジ座りがおすすめです！

室内で暮らす仲間は、基本的に安全が保証されているため、つねに周囲を警戒している必要はありません。たまにはリラックスしたポーズに挑戦するのもよいでしょう。まずは、足を前に投げ出し、地面にどっしりとおしりをつけてみて。一見オヤジに見えますが……どうです？　リラックスした気持ちになるでしょう？　スコティッシュフォールドさんたちがしているのを見たことがある方もいるはず。人間たちは「スコ座り」とよんでいるようですが、だれでもできますよ。

飼い主さんへ　この座り方は、おそらくグルーミングをしている最中に、「楽だな〜」と気づいたことから習慣化したようです。おしりを床につけているため、すぐに体勢を整えることができず、完全にリラックスしたときにしか見ることができません。

寝る前に毛布をモミモミしちゃう

＃行動　＃モミモミ

母ネコのおっぱいを思い出しています

わたしたちは子ネコ時代、母ネコのおっぱいを飲むときに前足でおっぱいをモミモミしていました。そのときの満ち足りた気分を思い出して、ついモミモミしてしまうのでしょう。通常、子ネコは生後約6週で離乳します。それよりも早く母ネコから引き離されたネコは、いつまでも赤ちゃん気分の子が多いのだとか。母ネコに十分育てられたネコは、おとなになるとあまりモミモミしません。飼い主にモミモミすれば、きみの甘えモードが伝わるかもしれませんよ。

飼い主さんへ　母ネコのおっぱいをモミモミするのは、もむことによって乳腺を刺激し、母乳の分泌を促すという本能的な行動です。もし、飼い主のおなかの上でモミモミをしてくるようであれば、母ネコに見立てて甘えているのでしょう。

夜になると走りたくなる！

＃行動　＃夜は元気！

真夜中は狩りの時間です

野生の仲間は、暗闇でもよく見える目を生かして、夕方から夜中、明け方まで狩りをしていました。これは、わたしたちの祖先が砂漠で暮らしていたことに関係しています。昼間の砂漠はとても暑くて体力が奪われるため、涼しくなってから狩りを行っていました。その本能が残っているため、真夜中に狩りのスイッチが入るよう。ただ、獲物はいませんから、かわりに家の中を走りまわったり、カーテンや高いところにのぼったりしてエネルギーを発散してくださいね。

飼い主さんへ　近所迷惑になるくらい夜中に激しく動きまわるようであれば、対策を立てる必要があります。たとえば、寝る前にじゃらし棒で遊ぶだけでも、わたしたちにとっては体力を使います。まずは、飼い主が遊びのテクニックを身につけないといけませんね！

ゲホッ。毛玉が出た！ 死ぬの？

#行動 #毛玉を吐く

飼い主にブラッシングしてもらいましょう

ネコは、グルーミングをしたときにのみ込んだ毛を胃の中で球状になって詰まらないように吐き出すのです。わたしたちネコは1日平均3・6時間もグルーミングをしているという報告もあり、起きている時間の約25％はグルーミング中。わたしたちの舌にはザラザラした突起がついていることと、長時間グルーミングしていることを考えれば、大量の毛をのみ込んでしまうのも仕方ないこと。飼い主におねだりをして、こまめにブラッシングをしてもらいましょう。

飼い主さんへ

とくに、長毛種はのみ込む毛の量が多くなりがちなので、定期的なケアが必要です。ひと月に1回は、ブラッシングによってむだな毛をとりのぞき、ネコがのみ込む毛の量を減らしましょう。人間と同じで、ネコもロングヘアはお手入れが大変なんです。

飼い主の服、おいしそう

#行動　#ウールサッキング

ウール製品は食べものではありません

セーターや毛布など、ウール製品を好んで吸っているうちに、ちぎって食べるようになるネコがいます。これは「ウールサッキング」とよばれ、子ネコのときに満たされなかった授乳の衝動のひとつといわれています。当然、ウールは消化できません。ウンチといっしょに排出されればよいのですが、腸に詰まってしまう可能性が非常に高いです。どんなにおいしそうに見えても、絶対に食べてはいけません。万が一腸に詰まると、おなかを開けられることになりますよ！

飼い主さんへ　布を吸うクセがあるネコの場合は、布を食べていないかどうか注意してください。もし、食べてしまいそうであれば、布製品はネコの手の届かないところに隠して。どうしても布に執着する場合、遊ぶ時間を増やすなど、意識を別のところに向けさせましょう。

ひま。自分のしっぽでも追いかけよ

#行動 #しっぽを追いかける

飼い主に向かって「遊んでアピール」を！

わたしたちネコは、あまりにもやることがないときに、自分のしっぽをひたすら追いかけまわしてしまうことがありますよね。それでは飼い主にはなにも伝わりませんよ。飼い主に向かってしっぽを逆U字に振って、追いかけっこに誘いましょう！ 飼い主が追いかけはじめたら、遊びがスタート。しかし、なかにはわれわれの行動に鈍感な飼い主もいます。そんな飼い主にはなにかいたずらをして、ひまであることをアピールしましょう！

飼い主さんへ

われわれネコには、逃げまわる小さなものを追いかける習性があります。遊んでいる最中にたまたま自分のしっぽが目に入って、「自分のしっぽと気づかず、獲物と思い込んでひたすら追いかけ続けてしまった」という知り合いがいました。

急に飛び降りたくなる

#行動　#フライングキャット症候群

高所から飛び降りたくなる「フライングキャット症候群」です

「ハイライズ症候群」「ネコ高所落下症候群」ともいわれます。高層マンションなどから落下する事故が多発したことにより名づけられました。われわれネコはバランス感覚に優れているので、落下中に体勢を整えて無傷なこともありますが、骨折したり、肺が破れたり、最悪亡くなるケースもあります。さらにこわいのは、症候群という名前からもわかるように、一度飛び降りたネコは、飛び降りをくり返すのだとか……。絶対に高所から飛び降りないでくださいね。

飼い主さんへ　たとえ落ちたのが2階からだったとしても、亡くなったり、後遺症が残ったりする可能性があることを忘れてはいけません。低層階だからと安心してベランダにネコを出さないこと、窓を開けっ放しにしないことが最大の予防策です。

休憩にぴったりなポーズは？

＃行動　＃休憩ポーズ

高いところで足をブラブラ〜♪

本当に疲れたとき、どんなポーズで休むのかは意外と悩みどころです。高いところで4本の足をブラ〜ッとさせるのはとても気持ちいいですよ！　われわれが野生にいたときは、このように木の上で足をブラブラさせて休んでいたので、今もその名残があるようです。足をブラブラさせることによって、放熱することができるのもポイント。家にキャットタワーがある場合は、そのてっぺんでくつろいでみてください。きっと疲れがとれて、気分がよくなりますよ。

飼い主さんへ　高い場所で、完全に脱力して足をブラブラさせているようすは、木の上で休むライオンを彷彿とさせますね！　そんなときは、きっとかなり疲れているはず。無理に起こしたりするのはやめましょう。ですが、そっと写真を撮れるチャンスです。

春になるとテンション上がるわ！

＃行動　＃春ハイテンション

春は出会いの季節です

春になると、なぜか同居ネコがウキウキしてる……なんて仲間の報告が。いい出会いがあったのでしょう。わたしたちネコの場合、春から夏にかけては子どもを産んで育てやすい季節なので、春になると子孫を残そうという本能が働き、体がなんだかムズムズしてしまいます。これは、交尾スイッチがオンになり、気持ちが高ぶってしまうからです。人間でいう恋というものに近いでしょうか。出会いの季節ですし、あなたの家にもイケメンネコがやってくるかもしれませんね。

飼い主さんへ　春になると、落ち着きがなくなったり、大声で鳴いたりすることがありますが、これは発情期がきたことが原因。室内飼いでも、発情期には脱走して迷子になったり、のらネコと子どもをつくってしまったりという可能性があるので気をつけましょう。

Column

わたしたちの“性”事情

わたしたちネコの発情期は、日照時間が長くなるころに訪れます。一年に数回訪れるのですが、最大の発情期は早春。これは、あたたかい時期になると獲物もとりやすく、子育てがしやすい時期だからです。ただ、現代の仲間は、暗くなる時間帯でも照明の下で過ごし、また食べものにも困らないため、冬でも発情しますよ。まずはメスが発情し、メスが発するフェロモンに誘われてオスも発情をします。主導権はあくまでもメスなので、オスはメスの元に集まり、鳴き声やにおいなどで猛アピールしなければなりません。このメスの争奪戦こそ、オスたちの魂のバトルなのです！

わたしにもそんな時期があったなぁ～。昔はこれでも、人気のあるメスに選ばれてたんじゃぞ！ うそだと思うかい？ 今でもイケメンネコの面影が残っているじゃろう！ まだまだ若いきみたちにアドバイスじゃ。とりあえず、くさ～いオシッコをしてアピールしなさい！（85ページ）

前足をおしゃぶりしちゃう

#行動　#おしゃぶり

赤ちゃん気分にひたっているのかも

前足をしゃぶりたくなること、ありませんか？　実は、恥ずかしながらわたしはあるんです。このおしゃぶりポーズの正体は、さかのぼること子ネコ時代……。前足についた母ネコの母乳をなめていたことが、今も習慣として残っているのでしょう。おとなになったからといって、たまには赤ちゃん気分になってもいいではないですか！　ほかにも、グルーミングの最中に爪をかんでお手入れをすることがあり、それが前足をくわえるように変化したという説もあるようです。

飼い主さんへ　前足をなめているのは、気持ちを落ち着かせているとき。子ネコ時代、母ネコになめられることで情緒が落ち着いたことから、自分でもなめるようになったそう。飼い主になでられるのは、われわれにとってはなめられているのと同じ効果かもしれません。

危険を感じると固まっちゃう

＃行動　＃固まる

危険を回避する正しいポージングです

野生では、敵と遭遇したときに「動物」と認識されないようにその場でジッと動かずに身を守ります。もし、あなたの身に危険がせまったら、石のように固まるのがおすすめです。うっかりまばたきをしてしまってはダメですよ！　自分は石であると思い込みましょう。警戒心の強い相手は、少々粘ると思いますが、たいていの場合はやり過ごせるでしょう。万が一、相手に感づかれた場合は、すばやく逃げてください。結局は逃げるが勝ちなんです。

飼い主さんへ　なにかの拍子に、あなたに対しても固まることがあるかもしれません。そんなときは、そっとその場を離れてあげましょう。きっとあなたに危険を感じたのです。あなたがいなくなれば、不安から解放されてホッとできると思います。

ひとやすみ

トイレハイ

ちょっとだけ

5章

体のヒミツ

視覚、聴覚、嗅覚、運動神経……。

あなたはまだ、自分の能力に気づいていないかも!?

#体　#視野

視界がと〜っても広いの！

ななめ後ろの獲物もばっちり見えますよ

よく気づきましたね。わたしたちネコは、正面を向いたまま、ななめ後ろも見ることができます。獲物もすぐとらえますし、敵が後ろから近づいてきてもすぐに気づけますよ。それに比べて、人はほぼ真横までしか見えないそうです。試しに、飼い主のななめ後ろにそ〜っと立ってみてください。絶対に気づかれないですから。しばらくしてふとこちらに気づいて、「うわ！　そこにいたの⁉」なんて驚くんだから、人って本当に能天気な生きものですよね。

飼い主さんへ　人とネコの視野を比べてみましょう。正面を向いたときの全体視野は、人が210度、ネコが280度でネコの勝ち！　両目が重なる部分の視野は、人が120度、ネコが130度。またまたネコの勝ち！　われわれのすごさ、十分ご理解いただけました？

「赤色」がわからない……

#体　#色覚

夜の世界では色の識別は必要ありません

わたしたちはもともと、夜に生きる動物です。暗い場所では色を見分ける必要がありません。人の世界では、青色の中でも数十（もしかしたらそれ以上）の色があるみたいですよ。人がいう「灰色」が、わたしたちにとっての「赤色」らしいです。

ともあれ、色を区別する能力は生きていくうえで必要ないのでご心配なく。飼い主が新しい服を着て「この色似合う?」とか聞いてきたときは、適当に「ニャオ♥」と言っておけば問題ありません。

飼い主さんへ ネコには、色を感知する視細胞が人の5分の1ほどしかありません。とくに赤を感じる細胞が欠けていて、赤色は灰色に近い色に見えると考えられています。青と緑は比較的見やすいですが、人が見るよりもかなりくすんで見えているようですね。

薄暗くてもなんでも見える♪

#体　#タペタム

ネコには「タペタム」という膜があるから見えるのです

タペタム、タペタム、タペタム、タペタム……。ひょっとしてはじめて聞く言葉ですか？　ネコの網膜についている膜の名前です。このタペタム、わずかな光を約1・5倍にする力をもっているんです。すごいでしょ？　そのおかげで、薄暗い中での活動も可能なのです。さあ、みなさんも暗い場所にいったらタペタムを発動させましょう。ただし、タペタムは光がある場所限定で使えるもの。真っ暗闇では使えないのでご注意を。それにしてもタペタムって響き、かっこいいですね。

飼い主さんへ

「暗闇で、ネコの目が光って驚いた！」というエピソードをよく聞きます。こちらとしては、驚く人に驚いてしまいます。目が光る理由は、タペタムが集めた光を反射させているせいです。お願いですから、騒がないでください。

遠くのものが見づらいわ

＃体　＃近眼

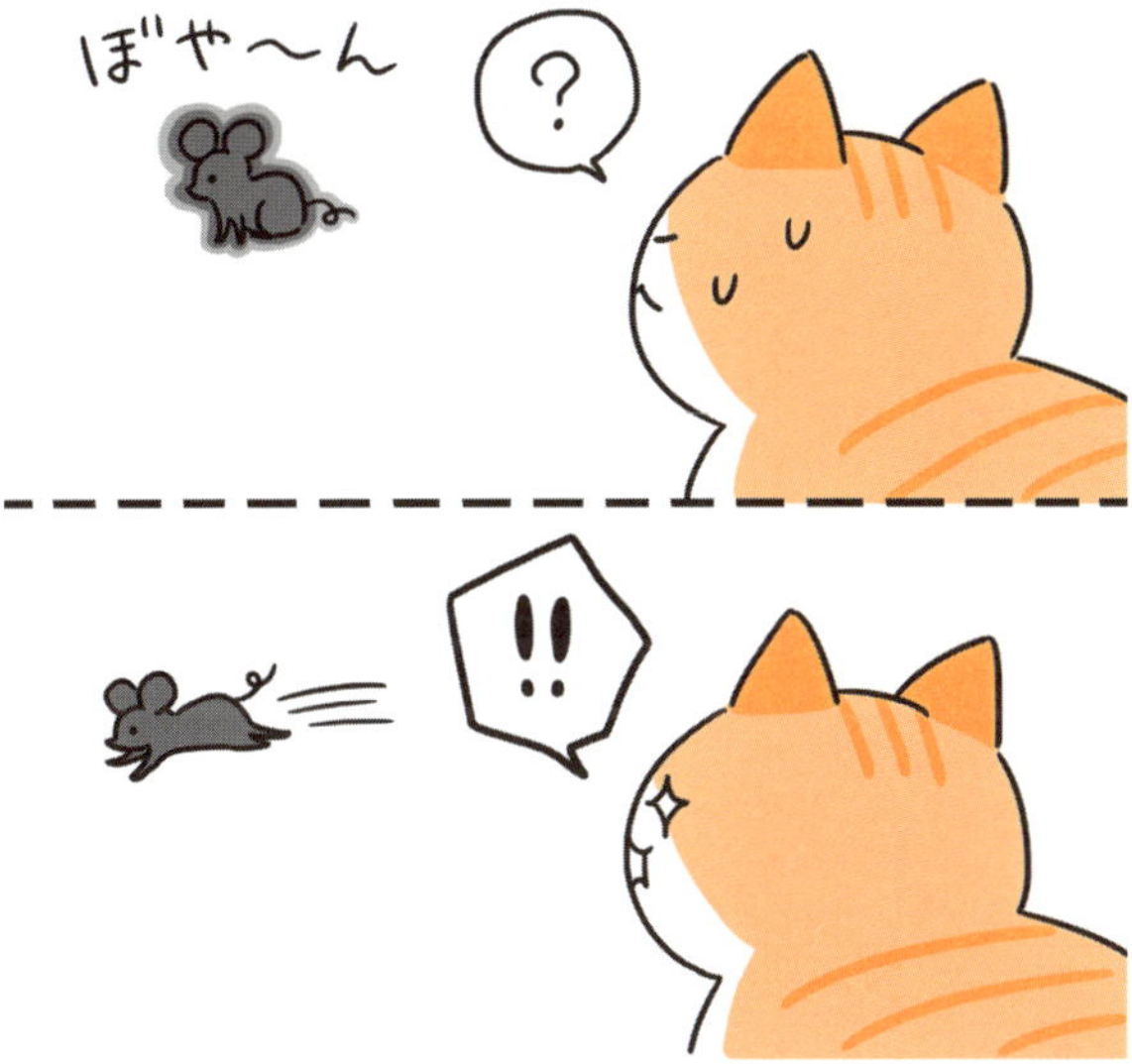

動いていないものを見るのは苦手です……

わたしたちは、止まっているものを見ることがとても苦手です。20メートル先になるとはっきり見えませんし、視界の両端はいつもぼんやりとしています。ただ、動いているものを見る、いわゆる動体視力はバツグンですよ！　テレビって見たことありますか？　あれ、わたしたちには静止画がかわるがわる流れているように見えますが、人には滑らかな動画に見えるんですよ。わたしたちの動体視力がもっと悪ければ、わたしたちもテレビを楽しめるんですけどね〜。

飼い主さんへ　ネコは近眼です。0・2〜0・3ほどの視力しかありません。でも、動体視力はすごいです。50メートル先で動いているものもしっかりキャッチできますし、4ミリ／秒のわずかな動きも絶対に見逃さないですからね。ね、すごいでしょ？

赤ちゃんの目、青くてかわいい♥

＃体　＃キトンブルー

あなたも昔は青かったんですよ

赤ちゃんの目、みんな青くてかわいいですよね。あなたも赤ちゃんのころは青かったんですよ。「今は全然青くないじゃない」って？　それはですね、青い目は赤ちゃんの時期限定だから。「キトンブルー」とよばれています。成長するにつれてメラニン色素が沈着して、だんだん目の色が変化していきます。それが今のあなたです。どんな色に変化するかは遺伝子次第。信じられないなら、飼い主に聞いてごらんなさい。証拠の写真を持っているはずですよ。

飼い主さんへ　個体差はありますが、生後2か月ごろから色素がはっきりしはじめ、完全に色が落ち着くのは生後6か月ごろ。イエロー、ゴールド、グリーンなど、実にさまざまな色に変化します。子ネコと暮らしている人は、その子の瞳がどんな色になるか、お楽しみに。

あの音、飼い主は聞こえないの？

＃体　＃聴覚

音を聞きとる能力はだれにも負けません

おや？　あれは天井裏にいるネズミの足音ですね。

ハンターのわたしたちは、人やイヌに比べて聴力がとても発達しています。ネズミが立てるかすかな音は人にはまったく聞こえませんが、だからといって「あそこにネズミがいるよ」と教えるのは禁物。人はネズミが大の苦手なので、パニックを起こしてしまいます。

さらにはネズミを捕るためのわなを、部屋のあちこちに仕掛けるかもしれません。平穏な生活を望むのなら、聞こえないフリをするのがおすすめです。

飼い主さんへ　われわれネコの五感の中で、もっとも優れているのが聴力です。人の可聴範囲は20～2万ヘルツ、犬は20～4万ヘルツなのに対して、ネコは30～6万ヘルツ。この聴力で小動物が立てるかすかな音を捉え、ハンティングをするのです。

あの音は、大好きなごはん！

#体　#聴覚

微妙な音の違いもわかります

隣の部屋で飼い主がごはんを用意していることに気がついたんですね。今日のごはんは好物のようでよかったです。われわれのすばらしい聴力が発揮されるのが、このごはんタイムといっても過言ではありません。好きなごはんの音を聞くと、飼い主の元へ一目散。きらいなごはんの音を聞いた途端、逃げる方も多いですよね？　わたしたちには明確な理由があるのに、こういうところを「ネコは気まぐれだな～」なんて解釈する人もいるようです。

飼い主さんへ　ネズミの気配も察知するわたしたちにとって、ごはんの袋の種類を聞き分けるなんて朝メシ前。好きな袋は「ガサッ」で、きらいなやつは「ガサッッ」。あ、今、お気に入りのごはんの袋に、きらいなごはんを移し替えようとしたでしょう!?

歩いているとしっぽが揺れる

#体　#しっぽが揺れる

しっぽでバランスをとっています

しっぽを揺らしながら歩く姿、とても優雅でしょう？　しっぽのすごいところは、見た目がゴージャスなだけでなく、歩きながらバランスをとれるということ。片側へ傾きそうになったら、しっぽの根元のまわりにある12もの筋肉を使って、体勢を立て直します。高いところから飛び降りたり、細いフェンスの上を歩いたり、ジャンプしたり……。なにげなくやっている動きも、しっぽがあるからこそできる技。3センチほどの幅があれば、難なく歩けます。

飼い主さんへ

「うちのネコはしっぽが短いから、バランスをとれていないのでは……!?」と心配になった人はいますか？　大丈夫ですよ。短いしっぽをジッと観察してください。長いしっぽと比べると不利ながらも、ちゃんとしっぽを動かしてバランスをとっています。

「甘い」ってどんな味？

#体　#味覚

炭水化物の味に近いです

よく人間の女子が「このスイーツ、甘くておいし～い♥」と騒いでいますよね。わたしたちは甘味に関して鈍感なのでいまいちピンときませんが、麦などの炭水化物の味が、「甘い」の味に近いようです。一方で、苦味・酸味についての味覚はするどいです。これは、腐ったものや毒があるものを食べないようにするため。

人が言う「塩辛い」という味は、自然の中では必要ないもの。そのため、苦味や酸味ほど敏感に感じとることができません。

飼い主さんへ　ときどき「こんなにごちそうなのに、そんなにいっきに食べないで！」なんて嘆く飼い主がいますが、われわれは「味わう」という行為とは無縁。安全なものを、だれにも横どりされることなく、かまずにサッと丸のみすることがわれわれの幸せなのです。

Column

ネコは「ネコ舌」

熱いものが苦手なことを、人は「ネコ舌」とよぶそうです。というより、動物全般がネコ舌といえるでしょう。自然界では自分の体温よりも熱いものがないからです。それを知らない飼い主は、よかれと思ってあたたかいごはんを出すことがあります。人には、「あたたかいごはん＝愛情たっぷり」という概念があるようです。あたたかいごはんは愛情の表れ。邪険にするのもかわいそうなので、自然に冷めるまで待ってあげましょう。

うんうん、さすがのぼくでも熱いものは食べないかな。なんであんな熱いものを食べる必要があるんだろう？　そういえば、去年の夏のすごく暑い日に、「暑いでしょ？　これ飲んで体を冷ましてね」なんて言って、飼い主がキンキンに冷えた水を出してきたんだ。冷たすぎるな〜と思いながら飲んだら、下痢をしちゃったよ……。仲間には少し冷たいほうが好きってやつもいるけど、ぼくはぬるいくらいが好きだな。飼い主はネコの好みをしっかり把握すべきだね。ごはんちょうだい。

ペロペロ。なめるだけできれいになる？

＃体　＃グルーミング

ザラザラした舌で汚れをそぎとります

66ページでも、「お風呂って必要？」と質問した方がいましたね。みなさんは自分の舌を見たことがありますか？　表面に細かいトゲトゲがたくさんついています。そのトゲトゲが、細かい汚れもキャッチするブラシの役割を果たします。さらに美しい毛並みを維持するために、飼い主の手も使いましょう。あなたとふれあえるブラッシングは、飼い主にとって至福のひととき。飼い主のひざに乗り、ブラシを見つめて「ニャオ」と言えば、喜んでブラッシングをしてくれますよ。

飼い主さんへ　ネコの舌の表面には、「糸状乳頭《しじょうにゅうとう》」とよばれる細かい突起がたくさんついています。これがブラシの役割をして、自分の体をきれいにするんです。だからお風呂は必要ありませんが、ときにはグルーミングを手伝ってもらえると助かります。

足の速さはどれくらい？

＃体　＃足の速さ

最高速度は……驚きの時速50キロ！

チーターと同じくらい速い……とは言えませんが、動物の中では速いほうではないでしょうか。ネコの売りは、持久力よりもスタートダッシュです。ヒョウの骨格をそのまま小さくしたのがネコ、とイメージしてもらって大丈夫です。後ろ足の筋肉がとても発達していて、バネのようになっているのです。「よし、いくぞ！」と思ったときに、このバネを使って思いっきり駆け出すわけです。自分のタイムを知りたい方は、飼い主にはかってもらいましょう。

飼い主さんへ　時速50キロといえば、キリンやカピバラと同じ速さです。まあ、速いイメージの動物ではありませんね。時速50キロは、秒速約13メートル。つまり、100メートルを7秒ちょっとで走れます。こうやって聞くと、なんだか速いでしょう？

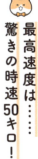

#体　#ジャンプ力

このジャンプ力、すごいでしょ！

記録は……2メートルです！

141ページの「足の速さ」でもお話しした、後ろ足のバネがジャンプにも役立っています。それでは実践してみましょう。いつも通りの姿勢になってください。後ろ足のひざを折り曲げていますよね？　つまり、バネを折りたたんだ状態です。「せーの」でいっきにひざ（＝バネ）をのばしますよ、せーの！　……思いきり跳べましたね。鍛えまくった先輩の中には、体長の5倍も跳べた子がいましたよ。みなさんも、ケガをしない程度に鍛えていきましょうね。

飼い主さんへ　ネコのジャンプ力がすごいこと、飼い主ならご存じですよね。だからですね、われわれが跳び乗れる場所に落とされて困るものは置かないでください。「さすがにここは届かないだろう」なんてタカをくくっていると、痛い目を見ますよ。

ネコパンチ！ネコパンチ！

＃体　＃ネコパンチ

鎖骨があるネコならではの技

前足を使ったネコパンチは、ちょっと離れたところにいる相手にも攻撃できる技です。この技には、鎖骨が必要不可欠。かなり小さいですが、ネコには鎖骨があるので、前足を左右自由に動かすことができます。イヌには鎖骨がほぼなく、足を左右に動かせません。イヌパンチなんて絶対にできないのです。直接攻撃以外は吠えるしかできないなんて、切ないですね。「負け犬の遠吠え」とはこのことです。かわいそうなので、イヌにはネコパンチをしないであげましょう。

飼い主さんへ

ネコは、生後1～2か月くらいで遊びながらネコパンチを習得します。ケンカ以外にも、安全チェックのときにもパンチをくり出します。はじめて見るおもちゃに対して、「安全かな？」とパンチしてようすをうかがい、安全だと判断したら遊びはじめます。

このごはん、なんかくさい……

#体　#嗅覚

食べても安全かどうかをにおいで判断しています

そのごはん、腐っているかもしれません。飼い主に返しましょう。われわれは食べものの安全性をにおいで判断しているのです。においのしないごはんは食べないですよね？　それは危険かどうか判別できないからです。また、どんなたんぱく質が入っているのかも、においでわかるんですよ。わたしたちにとってたんぱく質は重要なエネルギー源ですからね。一説によると、毛色が濃いネコのほうが、薄いネコよりも嗅覚が発達しているのだとか。

飼い主さんへ　動物の嗅覚は、鼻の粘膜にある細胞の数や性能で差がつきます。人は1千万個、ネコは6千万個。ネコの嗅覚は人の数万倍ともいわれています。ちなみに警察犬は2億個もあるそうです。警察犬からは絶対に逃げられませんね……！

Column

鼻が乾く＝眠たいサイン

鼻をさわってみてください。ほんのり湿っていませんか？　これが健康な鼻の状態です。なぜほんのり湿っているかというと、においの分子は湿ったものに吸着しやすいから。しかし、リラックスしているときや寝ているときは、鼻の表面は乾いていることが多いようです。友ネコとまったりしていて、突然遊びたい気分になったときは、まず友ネコの鼻をチェックしてみましょう。乾いていたら、眠たい可能性大です。無理に遊びに誘わず、ゆっくりお昼寝タイムにしましょう。

鼻が湿っているのは、においをかぎとるほかにも、風向きや温度を感知しやすくするためという理由があります。ごはんの温度は鼻ではかりますからね。おさえておきたいのは、「適度に」湿っているということ。鼻水でビチャビチャなのは適度ではありません。おそらく風邪です。え、あなたはいつも鼻が乾いている？　それも飼い主に頼んで病院で診てもらいましょう。

寝ているときも動いている？

#体　#寝相

夢を見ているときは動いているかも

同僚のネコ、いつもわたしの研究室で昼寝をするんですよ。先日、静かに寝ていた同僚が、いきなり空中に向かってネコパンチをしたんです。そのあとは何事もなかったかのようにスヤスヤ。起きた同僚に聞いてみたら、「ケンカをする夢を見てた！」と。また別の日には、「ウニャウニャ〜」って寝言を言ったり、前足をグーッとのばしてストレッチをしたりしていましたね。そのときも「夢を見てた」と言っていたので、夢を見ているときは動いているのかもしれません。

飼い主さんへ　本当に夢を見ているかどうかはネコに聞かないとわかりませんが、人間と同じように、ネコも寝ながらしゃべったり動いたりします。そんなときは、レム睡眠中という説も。とりあえず「かわいいな♥」と思いながら見守っていただければ幸いです。

肉球プニプニ〜♥

＃体　＃肉球プニプニ

脂肪がたっぷりつまっているからです

人間から絶大な人気を誇るわれわれの肉球。そのプニプニの正体は、脂肪ともろもろの繊維たちです。肉球は、毛が生えている皮膚の100倍ほどの厚さがあります。ただプニプニするだけでなく、衝撃を吸収する役割もあるんですよ。肉球をクッションにすることで、音もなく静かに歩くことができるのです。わたしたちの狩りは、獲物を待ち伏せして、そっと忍び寄りいっきにかみつくスタイル。獲物に気づかれないために、足音を消す肉球は欠かせない存在です。

飼い主さんへ　肉球の皮膚の厚さは約1ミリ。ほかの皮膚の厚さは約0・01ミリなので、肉球はかなり厚いのです。肉球ファンの人が多いようですが、実は人の手のひらのプニプニした部分と同じ組織です。とはいえ、ネコのほうが100倍かわいいです。

肉球が……かたい!?

＃体　＃肉球がかたい

皮膚がかたくなったので飼い主にお知らせしましょう

それは皮膚がかたくなった「皮角《ひかく》」というものです。肉球にできることが多いですが、ほかの場所にできることもあります。皮角自体は悪性ではありませんが、こわいのはなにかの病気が元となって皮角ができてしまうこと。シニアの方はとくに注意が必要でしょう。皮角を見つけたら、飼い主にそっと足を出してアピール。肉球大好きな飼い主は、その変化にすぐ気づいてくれるはずです。病院に連れて行かれたら、お医者さんにもそっと足を出してくださいね。

飼い主さんへ　皮角の原因は、皮膚の角質がこの部位だけ多くできてしまうこと。扁平上皮がんなどが元になっていることもあるので、見つけたら病院で診てもらってください。猫白血病ウイルスに感染しているネコにできやすい傾向もあります。

肉球から水が出た！

＃体　＃肉球から水

ネコは肉球のみに汗をかきます

肉球から水が出てびっくりしたようですね。大丈夫、病気ではありません。体から出た水分、つまり汗です。肉球をさわってみてください。少し湿っていませんか？　これが通常モード。敵に追われたりして緊張したときには、さらにドッと汗が出ます。畳の上を歩いたことがある方はいますか？　畳を歩くと「ニチニチ」と音が鳴ってしまうのは、肉球が湿っているせいなのです。ちなみに、高い場所へのぼるときのすべり止めとしても、肉球の汗が役立ちますよ。

飼い主さんへ　人は体のいたるところに汗腺がありますが、ネコは肉球にしかありません。また、人のように暑いときではなく、敵から逃げるときなど緊張した場面で汗を出します。では暑いときはというと、涼しい場所に移動し、体をのばして体から熱を発散します。

4、5……前後の指の数が違う!?

＃体　＃指の数

前足は5本、後ろ足は4本

よく気がつきましたね。きみは天才かもしれません。前足の指は5本で、後ろ足の指は4本です。肉球は数えましたか？　肉球にはそれぞれ名前があるんですよ。まずは前足から見てみましょう。指それぞれにある「指球」が5個、中央にある「掌球《しょうきゅう》」が1個、少し離れたところにある「手根球《しゅこんきゅう》」が1個で合計7個。後ろ足は「趾球《しきゅう》」が4個、中央にある「足底球」が1個、「手根球」はないので、合計5個です。指の数だけでなく、肉球の数にも違いがあるんですよ。

飼い主さんへ　ネコは4本の指先で体重を支え、つまさき立ちの状態で歩きます。獲物を見つけたら、いつでも駆け出して捕らえられる姿勢ですね。前足にある手根球は使いません。昔、かかとまでつけて歩いていた名残でしょうか？

おなかのたるみは、でぶの証拠？

#体　#おなかのたるみ

どんなネコにもあるおなかのポーチです

その余った皮膚は「プライモーディアル・ポーチ」といって、どのネコにもあります。ポーチがある理由として考えられるのは3つ。ひとつは、おなかへの攻撃を和らげるためのクッション。ふたつ目は、後ろ足の動きを邪魔しないため。体をツイストしたり思いっきりジャンプしたりするには、ポーチ分の皮膚の余りがないと思い通りに動かすことができません。最後はごはんをまとめ食いするためです。……あなたのポーチは目立ちすぎかも。肥満の可能性がありますね。

飼い主さんへ

「プライモーディアル（原始的な）」という名前からわかるように、野生に近い種類のほうが発達しています。大幅なダイエットに成功したネコは、おなかの皮膚だけが余って体形に似合わない大きなポーチになることもありますよ。

空気の流れを感じる！

＃体　＃ヒゲセンサー

万能＆敏感なヒゲセンサーで感知！

動体視力、聴力、ネコのすばらしい感覚器はたくさんありますが、わたしがイチオシなのがヒゲ！　ヒゲの根元にはたくさんの知覚神経があり、ヒゲになにかがふれた瞬間に脳へ伝えてくれます。もちろん空気のかすかな動きだって読みとりますよ。ちなみに、せまい道を通りぬけられるかを判断する際にもヒゲが活躍します。ヒゲの先端をつなぐようにして描いた円が、自分が通れるサイズです。通る道にヒゲを当てて、通れるかどうかのチェックをしているんですよ。

飼い主さんへ　生まれたての子ネコは目が見えないので、母ネコのおっぱいをヒゲで探します。ヒゲはネコにとってなくてはならないもの。とても繊細なので、けっして引っ張らないでくださいね。もちろん、ヒゲを短くカットするのも言語道断です。

Column

万能なヒゲも温度には鈍感

つい先ほど「ヒゲは万能だ！」と豪語しましたが、どんなものにも弱点のひとつはあるもの。ヒゲの唯一の弱点は、温度には鈍感ということです。そもそも、わたしたちの皮膚は温度変化にはにぶいのです。ネコの体でもっとも敏感なヒゲでさえ、50度ほどの温度になったときにやっと「熱いかも？」と気づきます。あ、そこのおじいちゃんも、ヒゲが短いですね。もしかしてそれは……やっぱり、ストーブで焦げてしまったんですね。

あれは去年の、ものすごく寒い冬の日じゃった。箱の中でメラメラと燃える火のそばでウトウトしていたのじゃ。そうしたら飼い主が走ってやってきて、「ヒゲが、ヒゲが！」とひどく慌てていて……。自分ではさっぱりわからなかったが、どうやらヒゲが焦げて短くなってしまったみたいじゃ。年をとって鈍くなったのかと思っていたのじゃが、先生の話によるとネコ全般に言えることみたいじゃの〜ほっほっほ。

足に長い毛があるんだけど……

＃体　＃長い毛

体のところどころから生える長い毛もヒゲです

「ヒゲは口のまわりにだけ生えるものでしょ？」。答えはノーです。口のまわりにはかなり長いヒゲが生えていますが、体のところどころにもヒゲ（触毛）が生えているんですよ。それでは、前足の手根球（少し離れた肉球）の近くを見てみましょう。3〜4本長い毛がありませんか？　それがヒゲです。ここにあるヒゲはハンティングに役立ちます。捕まえた獲物の微妙な動きを感知するので、死んだフリもすぐにわかります。トドメをさして息の根を止め、食べちゃうわけです。

飼い主さんへ　体に生えているヒゲは、ほかの被毛と区別して「触毛」などとよばれます。わたしたちのように前足で獲物を捕らえる肉食動物は、手根球の近くにある触毛がとても敏感。暗闇で歩くときも、視覚に頼らずに触毛で周囲の状況を把握できるのです。

コレステロール、気にすべき？

＃体　＃動脈硬化

少し高いくらいでは動脈硬化にはなりません

「コレステロール値が少し高いですが、動脈硬化の心配はありませんか？」と言われたことがありますか？動脈硬化とは、血管の傷にコレステロールなどが付着してかたくなり、血栓症などを起こしやすい状態のことです。肉に含まれる「N-グリコリルノイラミン酸」という物質が動脈を傷つけるのですが、人以外のほとんどのほ乳類（もちろんネコも）は、もともと体内にこの物質をもっています。だから、その物質を摂取しても動脈が傷つかず、動脈硬化にもならないのです。

飼い主さんへ　ネコは人より動脈硬化になりにくいですが、コレステロール値が異常に高いときには注意が必要です。膵炎や糖尿病などの病気ではコレステロール値が上昇します。検査結果を楽観視しすぎず、お医者さんによく相談してください。

食後、すぐウンチが出る

＃体　＃すぐウンチ

肉食動物の腸のつくりだからです

食べものを消化する腸が、肉食動物仕様だからです。われわれネコの腸は体長の約4倍なのに対して、雑食の人間は約5倍、草食動物のウシは約30倍。

なぜ肉食動物の腸は短いのでしょうか？　それは、食べるものが違うからです。草食動物たちの食べものにはあまり栄養が含まれておらず、消化と吸収に時間がかかります。そのぶん腸が長いというわけ。一方、肉食動物の食べものは高エネルギーのため、腸が短くても消化・吸収に問題ありません。

飼い主さんへ

お恥ずかしいことに、ウンチを毛につけたままトイレから出てしまうことが……。そんなときは、そっとウェットティッシュで拭き、クシで落としてください。毎回ウンチがつく場合は、病院で相談して、おしりの毛だけカットしてもらうのも手です。

するどいキバがあるんだぜ！

#体　#キバ

歯がするどいのは、獲物を仕留めるため

かわいい見た目からは想像ができないですが、わたしたちは肉食動物です。「そんなはずない」ですって？　ではみなさん、目の前にある鏡に向かって、口をアーンと開けてみてください。上下6本ずつある前歯は、「切歯《せっし》」という骨から肉をはがすのに使うもの。切歯の両端に生えているキバが、獲物にかみつくときに使う「犬歯」。それより奥に生えているのが、肉を細かくかみ砕く「臼歯《きゅうし》」です。獲物を仕留める→肉をはぎとる→かみ砕く。どう見ても肉食動物でしょ？

飼い主さんへ　ネコにも歯の生えかわりがあるのをご存じですか？　乳歯は全部で26本あり、生後3〜8か月にかけてすべて生えかわります。抜けた乳歯を見つけるのは至難の業。とある飼い主は、たまたま見つけた乳歯を後生大事に保管しているそうです。

こんなに体がのびるの!?

#体　#体がのびる

伸縮自在の秘密は関節にあり

すごいのび率ですね。いつもの1・3倍くらいの体長になっているのでは？　わたしも思いっきりのびれば1・5倍はいけると思います。ネコがどうしてこんなに伸縮できるのかというと、やわらかい関節のおかげです。ゴムのような関節を使うことで、体をギュッと丸めたり、オヤジ座りをしたり、エビ反りをしたり、思いっきり体をのばしたりすることができます。ふだん縮こまっているぶん、思いきりのびたときのギャップに驚く飼い主が多いみたいですね。

飼い主さんへ　ネコの骨の数はしっぽの長さによって異なりますが、240本前後。人間の骨より40本ほど多いです。さらに特徴的なのは背骨です。脊椎のS字ラインがとてもしなやかなんです！　そのおかげで、せまい場所もスルリと通り抜けられるわけです。

毛が白くなってきた。病気!?

＃体　＃白髪

安心してください。年をとっただけですよ

人間のおじいちゃんおばあちゃんも、髪の毛が白くなっている人が多いでしょう？　あの人たちも昔は黒かったのですが、年をとるにつれて白い毛が増えたんです。同じように、ネコも年をとるにつれて色素が薄くなることがあります。黒からチョコレート色へ、そして白髪が増える……。黒ネコの方はとくに目立つので、気になってしまうかもしれませんね。年の功だと思って、白髪も愛していたわってあげましょう。健康上、なんの問題もありませんよ。

飼い主さんへ　加齢にともなう白髪のほかに、色素をつくる細胞が一部機能しない「尋常性白斑」という病気もごくまれにあります。徐々に白い部分が増えて、真っ白になることも。シャムネコの発生率が少し高いですが、健康上の問題はないといわれています。

ひとやすみ

夢

ドッキリ大作戦

6章
ネコ雑学

知って損はない雑学集です。
ネコの集会での小話に、ぜひ使ってください。

車をたたく人がいる

#雑学　#ネコバンバン

ネコが車にいないか チェックしています

もしかして車の中で寝ていました？　バンバンとたたかれて、驚いて車から出たんですね。それが人のねらいです。寒い時期になると、車のタイヤやボンネットの中に入ってあたたまりますよね。ネコがいることに気づかない人が、そのまま車のエンジンを入れて発車させるという事故が多く起きています。それを防ぐために、車をたたいてネコがいないか確認しているんですよ。いないフリをするのは禁物。車から出るか、「ニャオ（入っていますよ）」と返事をしましょう。

飼い主さんへ　寒くなると、ネコたちは暖をとろうと車にもぐり込むことがあります。乗車前に、①車の下やタイヤまわりの見回り　②ボンネットをバンバンとたたき、耳を近づけてネコの鳴き声や音が聞こえないか確認（通称・ネコバンバン）してもらえると、うれしいです。

有名ネコになりたい！

#雑学　#有名ネコ

めざせ！ファーストキャット

アメリカのソックス（Socks Clinton）さんをご存じですか？　彼はクリントン元大統領のもとで、「ファーストキャット」として8年間ホワイトハウスで働いていました。ホワイトハウスで働くなんて、とってもかっこいいですよね！　世界中に注目されて、世界一有名なネコとして歴史に名を残すこと間違いなし。彼はクリントン氏が大統領に当選する前に拾われたそう。つまり、大統領になる人をきちんと見極めることが重要です。紳士的なふるまいも忘れずに。

飼い主さんへ　まあ、飼い主が大統領になるのは難しいです。最近ではインスタグラムなどのSNSから有名になるネコが多いので、その手を使ってみるのがよいかもしれません。カメラをネコの目線に合わせて撮影すると、とてもかわいい表情をゲットできますよ♪

ご長寿でギネスブックに載りたい！

＃雑学　＃長寿

38歳4日以上長生きしましょう

ギネスブックに載っているご長寿は38歳と3日生きた、アメリカのクリームパフ（Creme Puff）さん。日本一のご長寿は、1935（昭和10）年から36年生きた青森県のよも子さん。日本のネコの平均寿命※は15・04歳。家の外に出るネコは13・26歳、外に出ないネコは15・81歳と差があります。また、人と同様にオスよりメスのほうが長生きする傾向にあります。ネコの死因はがん、老衰など加齢によるものが増えており、医療が進めばネコの寿命もどんどんのびるでしょう。

飼い主さんへ　ネコの年齢を人の年齢に換算する方程式は「18＋(年齢−1)×4」。クリームパフさんは、人で例えると166歳まで生きたことになります。日本のネコの平均寿命は人換算で74歳。人間の長寿記録は、122歳と164日。クリームパフさん、すごいですね！

※　日本ペットフード協会調べ（2016年）

お医者さんの前だとドキドキする♥

#雑学　#白衣症候群

血圧が上がる「白衣症候群」というもの

お医者さんを見ると無意識に緊張してしまい、なにをされるかわからない恐怖でドキドキバクバク……。そんな状態で血圧をはかると、いつもより高い数値が出てしまいます。このことを「白衣症候群」といいます。白衣とは、お医者さんがいつも着ている服のことです。人の世界には「吊り橋効果」という言葉があるように、恐怖のドキドキを恋のドキドキと勘違いして、恋に落ちることがあるそう。お医者さんに恋をすれば、苦手な病院も好きになれそうですね。

飼い主さんへ なるべく緊張させないためには、待合室でほかのネコと接触させないこと。キャリーバッグに布をかけて視界を遮るとよいでしょう。診察中に「がんばって！　落ち着いて！」と大声で励ます飼い主が多いですが、かえって興奮してしまうのでやめてください。

植物はなんでも食べていい？

#雑学　#ネコ草

安全が保証された ネコ草をどうぞ

見た目はおいしそうでも、ネコが食べてはいけない危険な植物は700種類以上あります。ユリ、チューリップ、ポインセチア、アサガオ、アロエ、シクラメン……覚えるのも大変ですよね。飼い主が出してくれるネコ草は安全なので、それを食べましょう。ネコ草は、おなかにたまっている毛玉をウンチといっしょに出す手助けをしてくれます。「大好きすぎてずっと食べちゃう」って？　大丈夫です。ほとんど体に吸収されないので、栄養バランスが崩れることはないですよ。

飼い主さんへ

ネコ草を食べないネコもいますが、問題ありません。食物繊維を含んだ食事やサプリメントをとることで、毛をウンチといっしょに出す手助けができます。毛玉を吐く回数が多い場合は、ほかの病気の可能性もあるので、病院に相談してください。

Column

ネコにアロマは危険

アロマで動物を癒やす「アニマルアロマテラピー」が人のあいだで流《は》行《や》っています。しかし、われわれには癒やしどころか要注意なもの。アロマに使われる精油（植物からとった油）には、少量でも中毒を起こす物質が含まれています。下で紹介する種類以外にも危険なものはたくさんあります。飼い主がアロマを焚《た》いたらすぐ部屋を出て「アロマはいらない」とアピールしましょう。

とくにネコがきらう精油（カッコの中は学名）

- レモン（Citrus limon）
- オレンジ（Citrus sinensis）
- タンジェリン（Citrus reticulata）
- マンダリン（Citrus reticulata）
- グレープフルーツ（Citrus paradisi）
- ライム（Citrus aurantifolia）
- ベルガモット（Citrus bergamia）
- パイン（Pinus sylvestris）
- スプルース（Picea mariana）
- ファー（Abies balsamica）
- オレガノ（Origanum vulgare）
- タイム（Thymus vulgaris）
- クローブ（Eugenia caryophyllata）
- サマーセイボリー（Satureja hortensis）
- ウィンターセイボリー（Satureja montana）
- カッシア（Cinnamomum cassia）

精油名は地域によって呼び方が異なる場合があります。必ず学名を確認しましょう。

われわれは基本的に強い香りを好みません。とくに柑橘系の香りが大きらい。「アロマが焚かれている部屋には絶対に入らない！」というポリシーをもつネコもたくさんいます。ちなみに、ラベンダー、シナモン、ローズマリー、タンジェリンなどは、人が庭にまく「ネコ除けスプレー」に含まれているんですよ。

ぼくって太ってる？

＃雑学　＃体重

1歳の体重より1・2倍以上なら肥満です

まず、肥満とは「理想体重の1・2倍の体重」を指します。理想体重とは、成長期が終わった時点での体重、つまり1歳の誕生日の体重のことです。その体重が、あなたの生涯を通しての理想体重となります。そのメインクーンさんは成長期が長いので、1歳ぴったりの体重ではありませんよ。もちろん、理想体重は種類や性別にもよりますが、平均して3〜5キロが多いですね。飼い主がしっかりと記録しているはずなので、聞いてみましょう。

飼い主さんへ　室内飼いのネコのうち、実に40％が肥満であるといわれています。「ぽっちゃりでもかわいいからよし♥」とポジティブな飼い主も多いですが、肥満は病気の元にもなります。ちなみに、おなかの皮膚は肥満で一度のびると、ダイエットしても戻りませんよ！

Column

でぶネコ診断

飼い主に頼んでチェックしてもらいましょう♪

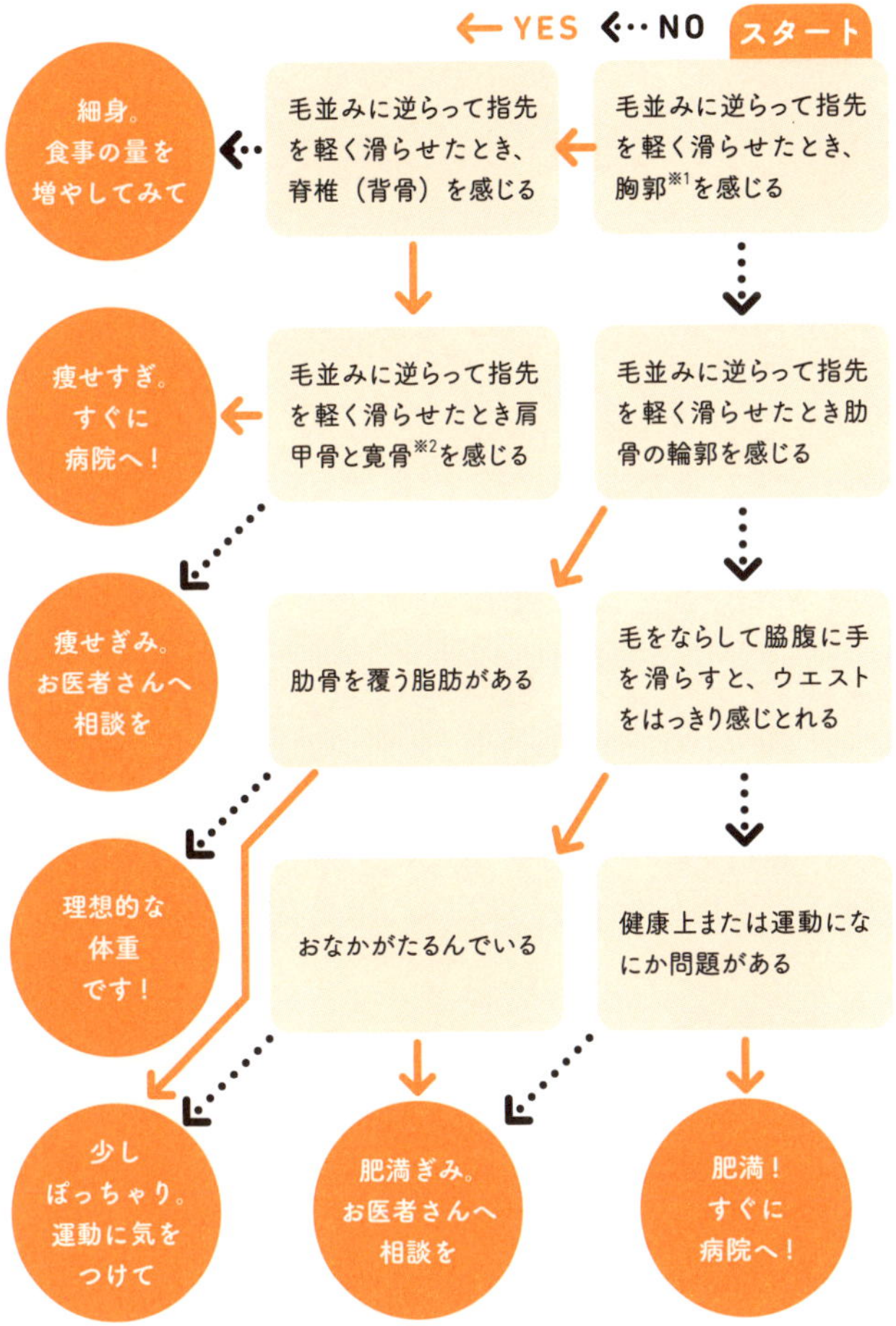

※1　胸郭というのは胸骨、肋骨、胸椎のこと。さわってみて胸部と腹部の違いがわかればYES。
※2　寛骨というのは骨盤の一部。人でいう、前ならえの先頭のポーズをするときにさわっているのが寛骨。

飼い主の鼻から毛が……

#雑学　#鼻毛

ネコにはありませんが、人は鼻に毛が生えています

それは「鼻毛」とよばれるものです。われわれにはありませんね。どうして人の鼻に毛があるのかというと、ホコリが鼻の奥に入らないように、毛でキャッチするため。なぜネコにはないのかは不明です。飼い主の鼻毛を見たらわかると思いますが、あんまりきれいなものではないでしょう？　しかも鼻からはみ出ているとか、最悪。その状態で外に出ると、まわりの人からクスクス笑われること必至。「鼻毛出てるよ。鏡見てごらん」と、そっと教えてあげるといいですね。

飼い主さんへ　鼻毛はありませんが、耳の先端には人間にない「房毛《ふさげ》」がありますよ。フワフワした毛が固まって生えていて、風向きや音をキャッチするのに使います。加齢にともなって短くなりますが、メインクーンやノルウェージャンはおとなでも房毛がよく見えます。

わたしと彼、利き足が違うの

＃雑学　＃利き足

メスは右利き オスは左利きが多い

「ネコパンチをする足、獲物を捕まえるときに最初に出す足が、わたしは右なのに彼は左」……なるほど。あなたが右利きで、彼が左利きということですね。安心してください。相性うんぬんではなく、ホルモンが原因です。イヌやウマ、人間でもオスのほうが左利きが多いんですよ。男性ホルモンの「テストステロン」という物質が左利きと関係しているのではといわれています。そもそも、われわれネコに本当に利き足というものがあるのかは研究中です。

飼い主さんへ 利き足の調べ方を教えます。ネコにマグロを見せ、目の前で透明のビンの中に入れます。マグロをとり出そうと最初に使った足をチェック。これを1日10回、1日おきに100回行います。各実験の間には2分以上のインターバルをあけましょう。

オスとメスの見分け方って？

＃雑学　＃オスメスの見分け方

顔を見ればわかりますよ

ひとつ目は顔の形。オスの顔はメスに比べて横長です。ケンカが多く、かまれる可能性があるために頬が厚くなると考えられています。反対にメスはあごも小さく、丸い形をしています。ふたつ目はヒゲが生えている部分。オスはふっくらしているため、ふてぶてしい印象ですね。最後は鼻の大きさ。オスの鼻はワイドで、それにともなって目の距離も離れぎみ。最後は目の大きさ。実際の大きさは同じですが、オスは顔が大きいため、相対的に目が小さく見えるのです。

飼い主さんへ　体格にも違いがあります。もちろんオスのほうが大きいですが、頭、肩、前足の大きさに注目すると区別がつきやすいです。少し大げさですが、オスはライオン、メスはチーターのような体格をしています。しかし、子ネコの判別はなかなか難しいです。

人の目についている毛、なに？

＃雑学　＃まつ毛

ネコにはない「まつ毛」というもの

人の上まぶたと下まぶたにそれぞれついている毛のことでしょうか？　それは「まつ毛」というもので、ゴミが入らないように目を守っているのです。ネコの上まぶたにも、下まぶたにもまつ毛はありません。ただ、まぶたの上に少し長い毛がありますよね？　それが人のまつ毛と同様に、目を守る役割を担っています。ときどき、ほかの人に比べて量も多くてとても長いまつ毛をした人がいますが、あれはおしゃれのためにわざわざつけているものですよ。

飼い主さんへ　ネコにまつ毛はありませんが、まつ毛と同じ機能の「アクセサリー・アイラッシュ」（日本語で「副まつげ」）とよばれる毛がまぶたに生えています。ちなみに、イヌの上まぶたには2～4列のまつ毛がありますよ。つけまつ毛、必要なしですね。

わたしたち、模様や色が違わない？

#雑学　#体の模様

ネコはきょうだいでも模様が違います

まわりを見わたしてください。同じ色・柄のネコはいませんね。血のつながったきょうだいでも違います。それは、毛の色や模様に関わる遺伝子が20個以上あるからです。だれひとりとして同じじゃない、そこがネコの魅力といえるでしょう。ただ、色のつき方には法則があります。それが「色は体の上のほうからつく」というもの。つまり、おなかに色がついているネコは、必ず背中にも色があるということです。鼻の周辺や頭の上は色が出やすい傾向にあります。

飼い主さんへ

もともとネコの毛は、砂漠で目立たないために茶系のしま模様（キジトラ）だけでした。人と関わるようになってから、今のような柄が生まれて生き残ったといわれています。日本では平安時代まで、黒、白黒、キジトラ、キジトラ白の4柄しかいなかったそう。

Column

黒パパ×白ママの子はなに色？

色の遺伝子は、どのように受け継がれるのでしょうか？　黒ネコのパパと白ネコのママの家系図を見てみましょう。

W…全身を白にする遺伝子
w…全身を白くしない遺伝子

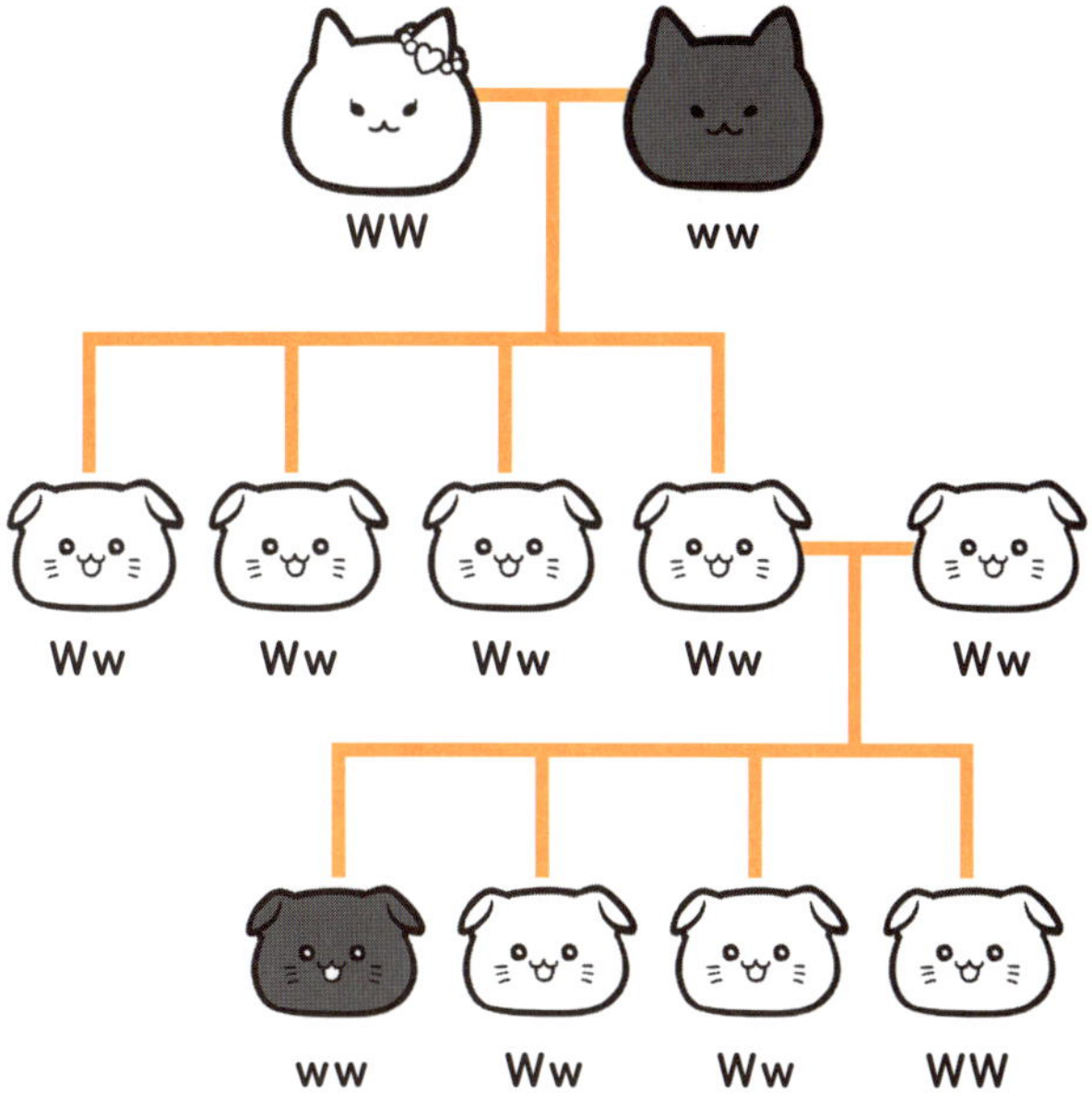

家系図を見てわかるように、Wはほかの黒や茶色などすべての遺伝子に対して優性です。そのため子ネコはみんな白。ただ孫の代になると、Wwと掛け合わされることで黒ネコが生まれることも。これが隔世遺伝です。

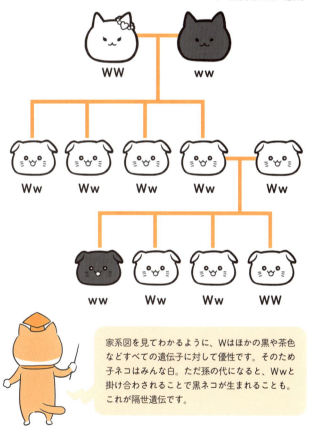

わたしも友だちも、みんなA型

＃雑学　＃血液型

ネコのほとんどがA型です

この中でA型の方は？　ほとんどそうですね。それでは、B型は……ブリティッシュショートヘアさん、スコティッシュフォールドさんはB型ですか。AB型は……いませんね。このように、ネコの血液型はおもにA型とB型に分かれます。AB型はごくまれです。人はO型がありますが、ネコにはありません。住んでいる地域によっても傾向があり、日本やアメリカのネコにはA型が多く、ヨーロッパやオーストラリアではB型が多いようです。

飼い主さんへ　ネコの血液型は3種類。A型、B型、AB型です。O型はいません。そのうち約8割がA型です。アメリカンショートヘアやシャムネコ、ミックス（雑種）はほとんどA型、ブリティッシュショートヘアなどはB型が多いといわれています。

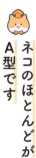

三毛猫はメスだけって本当？

#雑学　#三毛猫

ごくまれにオスも生まれます

三毛猫とは、白、茶、黒の3色の毛をもったネコのこと。ほとんどがメスというのはご存じですよね。三毛猫になるには、遺伝子の染色体に「X」がふたつ必要ですが、オスの染色体は「XY」でXがひとつしかありません。メスの染色体は「XX」なので、三毛になる可能性があるのです。ごくまれに、遺伝子の異常で三毛猫のオスが生まれることがあります。とても貴重なので三毛猫のオスは縁起のよいものとされ、ひと昔前には高額で取引されていたこともあるそうです。

飼い主さんへ 三毛猫は海外にも多くのファンをもっています。とくに、しっぽが短くて、顔としっぽにだけ模様が入っているタイプの三毛猫が大人気。「Mi-ke」という言葉はアメリカでも通じるんですよ。とてもグローバルですね。

オーストラリアの子、かわいい♥

#雑学　#バーミーズ

でか目×小顔、いわゆる子ネコ顔

彼女はバーミーズという種類ですが、日本にはほとんどいません。彼女、オーストラリアで超人気のネコなんです。その秘密は、この愛らしい見た目です！よく顔を見てみましょう。とても小顔ですね。さらに丸っとした大きな目。ヒゲが生えている部分も丸っとしていて、とってもキュート♥　おとなになっても子ネコのような顔のつくりなのです。もちろん見た目だけではありませんよ。フレンドリーな性格も、人間の心をつかむポイントです。

飼い主さんへ

オーストラリアでは、「ネコといえばバーミーズ」といわれるほど人気の品種です。とても人なつっこい性格で、「ドッグキャット」とよばれることも。人間のことが大好きで、いっしょに暮らしやすい点が人気の秘訣のようですね。

左右の目の色が違うんだぜ

#雑学　#オッドアイ

白いネコに多い「オッドアイ」

左右の目の色が違うことを「オッドアイ」といいます。なぜ目の色が変わるのか説明しましょう。わたしたちの毛の色は、色素細胞の量によって決まります。白ネコは色素細胞の働きが白の遺伝子によって抑制され、毛が白くなります。角膜の下にある虹彩《こうさい》の色も、白の遺伝子によって色素細胞が抑制され、その結果目が青色に。片方だけ色素細胞が抑制された場合に、オッドアイとなるのです。さらに色素がまったくなくなると血管が透けるため、目の色は赤色に見えます。

飼い主さんへ　白い毛で青い目のネコは、耳が悪い子が多いといわれています。これも白の遺伝子が耳の中まで影響を及ぼすせいです。耳が悪いことは野生で生きるにはハンディキャップとなりますが、室内で暮らすぶんにはなにも問題ありませんよ。

しっぽが曲がってるんだけど

＃雑学　＃鍵しっぽ

「鍵しっぽ」は島に住むネコの特徴です

日本のネコの特徴に、しっぽが短いことが挙げられます。さらにしっぽの先が鍵のように曲がっていることから「鍵しっぽ」とよばれています。みなさんご存じの通り、わたしたちは、長いしっぽのおかげでバランスを失わず、ジャンプも難なくこなせるのです。つまりしっぽが短いことは、運動神経の面で不利ということ。陸続きの海外では、短いしっぽで生まれてしまうと、ほかのネコや敵に淘汰されてしまいます。しかし、日本は島国なので、遺伝子が生き残ったのです。

飼い主さんへ　日本で鍵しっぽのネコが増えた理由のひとつが遺伝子です。鍵しっぽの遺伝子は優性なので、親のどちらかが鍵しっぽであれば、鍵しっぽの子どもが生まれます。イギリスのマン島出身のマンクスという種類は、なんとしっぽがないいんですよ。

Column

長崎県に鍵しっぽが多いナゾ

九州、とくに長崎のネコは鍵しっぽ率が高いです。とある調査※では、「70%以上のネコが鍵しっぽである」との結果も出ています。なぜ鍵しっぽが多いのでしょうか？　ふたつの説が有力です。

1

島が多いから説

しっぽが短くなる突然変異は、バランス能力という点では不利に働くはず。多くのネコの中に入れば自然に淘汰されてしまいますが、島のように隔離された環境であれば、集団の中で残る可能性が高まります。長崎は日本で一番島が多いため、鍵しっぽ遺伝子が残ったと考えられます。

2

出島から入った説

その昔、日本には鎖国時代という海外との交流を制限した時期がありました。そんな中、唯一貿易を行っていたのが長崎にある出島という場所。そこで出入りをしていた海外の船から、鍵しっぽ遺伝子が多く入ってきたと考えられます。

※　京都大学・野沢謙名誉教授（1990年）、市民団体「長崎尾曲がりネコ学会」（2009年）による調査

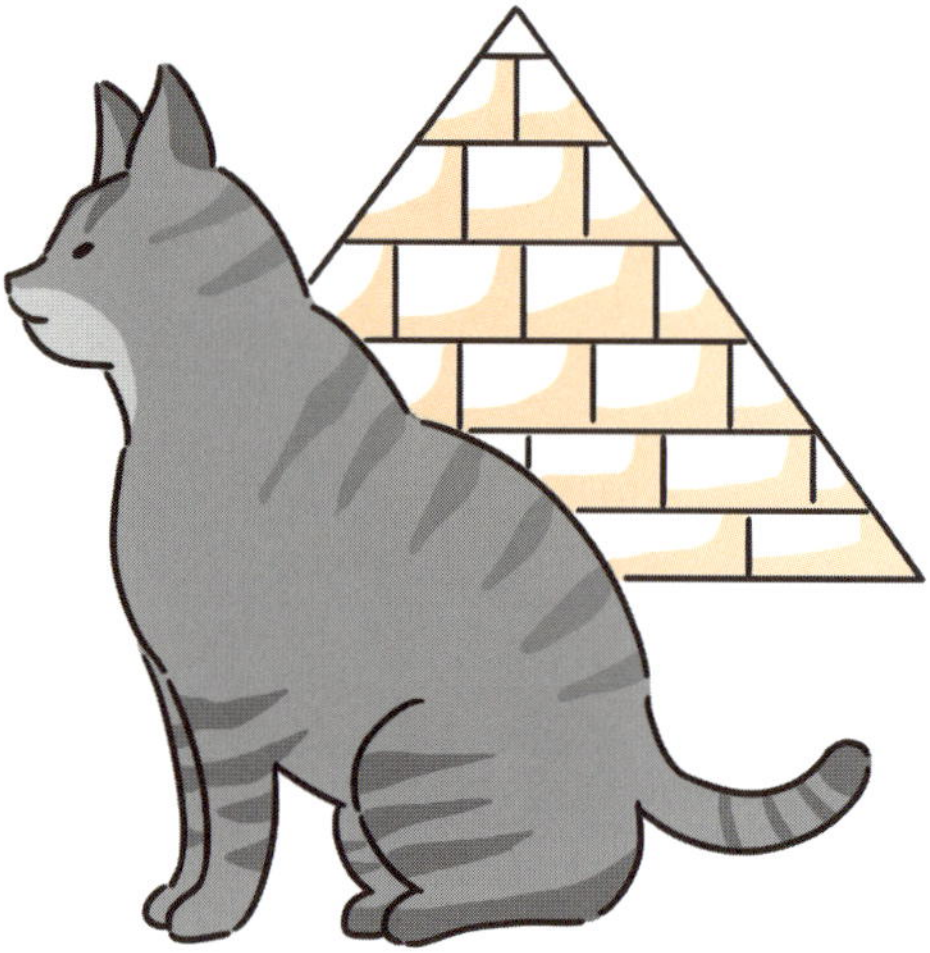

ぼくらの祖先って？

#雑学　#祖先

古代エジプトのリビアヤマネコと考えられます

「ネコ目ネコ科ネコ亜科ネコ属ヤマネコ亜種に分類されるイエネコ」、これがわたしたちです。祖先にあたるのが「リビアヤマネコ」というヤマネコ。イエネコよりも足としっぽが長く、耳が大きいのが特徴です。イエネコが人と共生をはじめたのは、紀元前4000年のエジプトまでさかのぼります。農業が発達したことで畑や倉ができ、そこに集まるネズミたちを捕まえにネコがやってきたのです。そうしているうちに、ネコが人にかわいがられ、人の生活に入り込んだのでしょう。

飼い主さんへ　5000年前の中国の農村でも、人と共生していたと見られる「ベンガルヤマネコ」の骨が見つかりました。しかし、現在のイエネコにはベンガルヤマネコの血筋は残っておらず、どこかで途絶えてしまったと考えられます。

日本にはもともと住んでいたの？

＃雑学　＃来日

平安時代に中国からやってきたらしい？

記録として残っているのは、平安時代に中国からネコが運ばれてきたということ。ネコは「唐猫《からねこ》」とよばれていたようです。かの有名な『源氏物語』という話の中にも、唐猫が登場しています。999年から日本では宮内でのみ繁殖しており、これは世界ではじめてのブリーディングとして記録が残っています。しかし、平安時代よりさらに昔の弥生時代の遺跡で、ネコの遺骨が発見されたとのこと。紀元前からひそかに日本に渡っていたのかもしれません。

飼い主さんへ　宇多天皇をご存じですか？　ネコ好きとして人気の方です。その方が残した書物（寛平御遺《かんぴょうのごゆい》誡《かい》）に、「889年に父からネコをゆずってもらい、飼いはじめた」と書いてあります。その子は墨のように黒いネコで、天皇はたいそうかわいがっていたようです。

最近、魚より肉が好きなの

#雑学　#食の好み

飼い主の食生活が変わったからです

魚より肉が好きな方は手を挙げてください。半数以上が肉派ですか。日本に住む人たちが、「ネコ＝魚」というイメージをもっているのは知っていますよね？　それは、昔の日本人の食生活が魚中心だったので、自然とわれわれのごはんも魚中心になったから。しかし、日本人の食事が欧米化したことで、肉中心の食生活に変わってきました。それに合わせて、わたしたちも肉を好むようになったのです。わたしたちの食事は、飼い主の食生活に左右されるようですね。

飼い主さんへ　アメリカに住むネコは肉を好み、イタリアなどの漁村に住むネコは魚好きが多いようです。その土地に合わせて主食を変える……賢いわたしたちだからこそできる技。人に左右されるのはちょっと癪ですが、おいしいごはんをくれるならOKです。

イヌ科動物の絶滅に、祖先が関与……!?

＃雑学　＃イヌとの確執

生存競争にネコが勝利しました

われわれネコ科の動物は、地球でもっとも成功した肉食動物です。現在37種のネコ科動物がいます。イヌ科はどうでしょう？　かつて北アメリカで30種以上いたイヌ科動物は、現在では9種まで減っています。その原因は、ネコが北アメリカへ移動して、肉食動物の生存競争が激化したこと。その結果、ハンティング能力がより高いネコが勝利をおさめたというわけです。しかし今では、イヌは人との共生に成功し、世界中に広がりました。どちらが勝者かわかりませんね。

飼い主さんへ　イヌもネコもどちらも捕食者ですが、アジアの森でハンティング能力をみがいたネコは、より優れた捕食者としてレベルアップをしていたのです。こういった点からも、われわれネコとイヌは永遠のライバルといえますね。

○か×で答えよう ネコ学テスト －後編－

前編に続いて、4～6章を振り返ります。
めざすは満点のみです！

第1問 本当に眠いときは、目を開けたままあくびをする。 [　　]
→答え・解説 P.114

第2問 指の数は、前足が5本、後ろ足は4本。 [　　]
→答え・解説 P.150

第3問 ごはんは毎回完食するのがふつう。 [　　]
→答え・解説 P.98

第4問 せまい場所より広い場所が好き。 [　　]
→答え・解説 P.115

第5問 口のまわりだけでなく、体のいたるところにヒゲが生えている。 [　　]
→答え・解説 P.154

第6問 三毛猫はメスだけしか存在しない。 [　　]
→答え・解説 P.177

第7問 ネコは遠視。 [　　]
→答え・解説 P.133

第8問 「ネコバンバン」とは、ネコを守るために人間が考えたもの。 [　　]
→答え・解説 P.162

第9問	寝る前に毛布をモミモミするのは、母ネコを思い出すから。	[　　]	→ 答え・解説 P.117
第10問	きょうだいネコは、みんな同じ模様。	[　　]	→ 答え・解説 P.174
第11問	「キトンブルー」とは、赤ちゃんの時期限定の目の色のこと。	[　　]	→ 答え・解説 P.134
第12問	植物はなんでも食べてよい。	[　　]	→ 答え・解説 P.166
第13問	飼い主の洋服は食べてはいけない。	[　　]	→ 答え・解説 P.120
第14問	食べものの安全は、においで判断する。	[　　]	→ 答え・解説 P.144
第15問	ネコの利き足はみんな同じ。	[　　]	→ 答え・解説 P.171

11〜15問正解

すばらしい！　あなたはネコの中のネコです。ネコ先生になれますよ。

6〜10問正解

おしいです。もう一度本書を読めば、満点をとれるはずです！

0〜5問正解

わたしが教えている間、眠っていたでしょう!?　バレバレですよ……。

INDEX

#にゃん語

#対人間

#対ネコ

#行動

#体

#雑学

監修　山本宗伸　やまもと そうしん

猫専門病院「トーキョーキャットスペシャリスト」院長、国際猫医学会ISFM所属。日本大学獣医学科外科学研究室卒業。猫専門の病院「Syu Syu Cat Clinic」にて副院長を務めた後、「Manhattan Cat Specialists」で約1年研修を積む。雑誌やニュースサイトにて多数のコラムを執筆するほか、猫にまつわる健康や習性を解説するブログ「nekopedia」も好評。著書に『ネコペディア〜猫のギモンを解決〜』(秀明出版会)、『はじめてでも安心！　幸せに暮らす猫の飼い方』(ナツメ社) など。

カバー・本文デザイン	細山田デザイン事務所（室田 潤）
DTP	長谷川慎一
カバーイラスト	ねこまき（ms-work）
本文イラスト	ms-work
校正	若井田義高
編集協力	株式会社スリーシーズン （松本ひな子、新村みづき、若月友里奈）

飼《か》い主《ぬし》さんに伝《つた》えたい130のこと
ネコがおしえるネコの本音《ほんね》

監　修	山本宗伸
編　著	朝日新聞出版
発行者	橋田 真琴
発行所	朝日新聞出版 〒104-8011　東京都中央区築地5-3-2 電話　(03) 5541-8996 (編集) 　　　(03) 5540-7793 (販売)
印刷所	図書印刷株式会社

ISBN 978-4-02-333166-2

定価はカバーに表示してあります。
落丁・乱丁の場合は弊社業務部（電話03-5540-7800）へご連絡ください。
送料弊社負担にてお取り替えいたします。